图书在版编目（CIP）数据

昆虫家族 / 王可编 . —成都：成都地图出版社，
2013. 4（2021. 11 重印）
（地球图书馆）
ISBN 978－7－80704－690－5

Ⅰ. ①昆… Ⅱ. ①王… Ⅲ. ①昆虫学 – 青年读物②昆
虫学 – 少年读物 Ⅳ. ①Q96–49

中国版本图书馆 CIP 数据核字（2013）第 076164 号

昆虫家族
KUNCHONG JIAZU

责任编辑：魏玲玲
封面设计：童婴文化

出版发行：成都地图出版社
地　　址：成都市龙泉驿区建设路 2 号
邮政编码：610100
电　　话：028－84884826（营销部）
传　　真：028－84884820

印　　刷：三河市人民印务有限公司
（如发现印装质量问题，影响阅读，请与印刷厂商联系调换）

开　　本：710mm×1000mm　1/16
印　　张：14　　　　　　　**字　　数：**230 千字
版　　次：2013 年 4 月第 1 版　　**印　　次：**2021 年 11 月第 8 次印刷
书　　号：ISBN 978－7－80704－690－5

定　　价：39. 80 元

提起昆虫，人们就会想到色彩斑斓的蝴蝶，访花酿蜜的蜜蜂，吐丝结茧的蚕，引吭高歌的知了，争强好斗的蟋蟀，星光闪烁的萤火虫，身手矫健、形似飞机的蜻蜓，憨厚可爱的瓢虫，举着一对大刀、怒目圆睁的螳螂，令人讨厌的苍蝇、蚊子、蟑螂，等等。

全世界的昆虫可能有1 000万种，约占地球所有生物物种的一半。但目前有名有姓的昆虫种类仅有约100万种，占动物界已知种类的2/3到3/4。由此可见，世界上的昆虫还有90%的种类我们不认识；按最保守的估计，世界上至少有300万种昆虫，那也还有200万种昆虫有待我们去发现、描述和命名。

昆虫族群是一个庞大的王国，它们组成了地球上最大的动物群体。不管是在土壤中，还是在水中或空气中，甚至动物或植物身上，这些六足的小精灵们都可以开辟出自己的生活空间。昆虫是生生不息的自然界中重要的一员，它与环境的适应关系是亿万年来长期进化的结果，大自然里多数所谓的"害虫"都有很强的生存适应能力。我们周围生活着无数的昆虫，人类对它们的生活习性及在生态系统中的作用研究清楚的不多，对大多数还处在完全不了解的状态，有的只知道它们的名字而已。理解昆虫，探索昆虫，并与昆虫共存，这样才能使我们赖以生存的地球更加充满生机。

在本书中我们将带您走进昆虫世界，寻找昆虫世界里的趣闻奇事，认识那些能飞善舞、本领高强的昆虫。

CONTENTS

目录

昆虫家族

1

走进昆虫世界

　　昆虫是动物界中无脊椎动物的节肢动物门昆虫纲的动物，是所有生物中种类及数量最多的一群，昆虫学家估计现存种类实际为 200 万～500 万种。种类最多的目为鞘翅目、鳞翅目、膜翅目和双翅目。昆虫在自然界无处不在，可以说，从天涯到海角，从高山到深渊，从赤道到两极，从海洋、河流到沙漠，从草地到森林，从野外到室内，从天空到土壤，到处都有昆虫的身影。它们有着自己的生存方式，有着属于它们的语言，同时它们又和自然界其他种群有着复杂的利益关系。

　　人要从自然中获得生活资料，必然会出现同昆虫争夺资源的问题；但另一方面，昆虫也为人类提供了资源，因而人也就同昆虫发生了密切的关系。人们按照自己的利益范围对昆虫分类、人工养殖或者全力消灭，于是便有了现在的益虫和害虫之分。

昆虫家族

昆虫不但是地球上的老住户（约 3.5 亿年前已在地球上定居），而且是个大家族。如果将世界上的动物暂定为 120 万种，昆虫则占据着所有动物种类的 80%，所以人们习惯称昆虫为"百万大军"。要按这个数推算，我国的昆虫种类约占世界的 15%～20%，至少有昆虫种类 15 万～20 万种。

基本小知识

热带雨林

热带雨林是地球上的一种生物群系，常位于北纬 10°～南纬 10° 之间的热带地区，主要分布于东南亚、澳大利亚、南美洲亚马孙河流域、非洲刚果河流域、中美洲、墨西哥和众多太平洋岛屿。热带雨林地区长年气候炎热，雨水充足，正常年雨量为 1 750～2 000 毫米，全年月平均气温超过 18℃，季节差异极不明显，生物群落演替速度极快，是地球上过半数动物、植物物种的栖息居所。热带雨林被称为"世界上最大的药房"，现时有超过 1/4 的现代药物是由热带雨林植物所提炼。

20 世纪 80 年代，昆虫学家对巴西马瑙斯热带雨林中的树冠昆虫进行调查研究后认为，世界昆虫种类数量应为 300 万种之多，如果按此比例推算，我国昆虫种类应为 45 万～60 万种，至少也不会低于 25 万～30 万种。当然这些数字只是根据世界馆藏标本数量、历年新种递增统计以及按

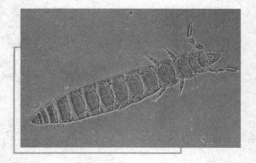

原尾虫

不同区域、不同生态环境、不同季节时间调查结果归纳总结后所得。随着科学研究的深入发展，交通工具的发达、畅通，调查工作的广泛深入，采集手段的改进以及统计、信息的准确性不断提高，相信昆虫种类较为准确的数字在不久的将来就会展现于世人面前。

昆虫家族成员的数量及类群特征按昆虫分类阶梯、以目为单元简述如下。

◎ 无翅亚纲

本亚纲特点：体小、无翅、无变态。

1. **原尾目**　已知约 650 种。无眼、无触角、口器陷入头部，适用于钻刺取食，腹部 12 节。生活于湿地中的腐殖质及石块枯叶下，学名蚖，通称原尾虫。1956 年北京农业大学杨集昆先生在我国首次采到该昆虫。

2. **弹尾目**　已知 6 000 余种。口器咀嚼式，内陷，缺复眼，腹部 6 节，第一、三、四节上有附肢，可弹跳。凡土壤、积水面、腐殖质间、草丛、树皮下均可见其踪迹，该目昆虫分布极广泛，通称跳虫。

3. **双尾目**　现已知 600 种以上。口器咀嚼式，陷入头内，缺复眼，触角长；腹部 11 节，有腹足痕迹及尾须 2 根。生活在腐殖质多的土中，如双尾虫。

4. **缨尾目**　已知约 600 种。体长被鳞，口器外露，腹部 11 节，有腹足遗迹

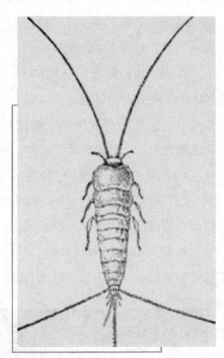

衣　鱼

及尾须 3 根。生活于室内衣物及书籍中，也有的生活于石壁、朽木及腐殖质堆内，还有的寄居于蚁巢中。常见种有衣鱼、石炳等。

◎ 有翅亚纲

本亚纲特点：体大、有翅（或退化）、有变态。

5. **蜉蝣目**　已知约 1 270 种。口器退化（成虫），触角短刺形，前翅膜质，脉纹网状，后翅小或消失。幼虫生活于水中，成虫存活期短，如蜉蝣。中国成语"朝生暮死"即指此虫短暂的一生。

6. **蜻蜓目**　已知约 4 500 种。头大而灵活，口器咀嚼式，触角刚毛状（鬃状）；胸部发达、倾斜，腹部长而狭；脉纹网状，小室多。为捕食性。幼虫水生，如蜻蜓。

石　蝇

7. **碛（qì）翅目**　已知 600 ~ 700 种。头宽大，口器退化，触角长丝状；前翅膜质喜平叠于腹背，后翅臀角发达。幼期生活于水中，肉、植兼食，如石蝇。

8. **足丝蚁目**　已知约 135 种。头扁，活动自如，咀嚼式口器，复眼发达，缺单眼；胸部发达，前足第一跗节膨大，有丝腺体。生活于热带某些植物的皮下，营网状巢，如丝足蚁。

9. **蛩（qióng）蠊（lián）目**　不超过 10 种。体细长，咀嚼式口器，触角丝状，复眼小，缺单眼，尾须长，雄虫有腹刺。生活于高山，如蛩蠊。我国于 1985 年在吉林省长白山天池由中国科学院动物研究所王书永采到且首次记录。

竹节虫

10. **竹节虫目**　已知约 2 000 种。体细长或扁宽，似竹枝或阔叶片；头小，咀嚼式口器，触角丝状，复眼小，翅或存或缺。有假死性，常作为拟态类昆虫代表种，如竹节虫。

11. 蜚（fěi）蠊目　约 5 000 种。体扁，头小而斜，咀嚼式口器，触角长丝状，眼发达；前胸宽大如盾，前、后翅发达，也有缺翅种类。以腐殖质为食，多食性，生活于村舍、荒野及浅山间，如蟑螂。

12. 螳螂目　已知约 1 585 种。头三角形，极度灵活，口器咀嚼式，肉食性，触角丝状；前胸长，前足为捕捉足，中、后足细长善爬行。卵成块状，称螵蛸（piāoxiāo），为中药材。常见种有螳螂等。

13. 等翅目　已知约 1 600 种。咀嚼式口器，触角念珠状，多形态昆虫，营社会生活；翅狭长能脱落。本目昆虫多为木材及堤坝的大害虫，如白蚁。同巢中有蚁后、兵蚁、工蚁组成大群体。

白　蚁

14. 革翅目　已知约 1 200 种。体长，咀嚼式口器，触角鞭状；前翅短，革质；后翅腹质，扇形，翅膀放射状；尾须演化成较坚硬的铗，故又名耳夹子虫。多食性，喜腐殖质较多的环境，有筑巢育儿习性，是群集性昆虫中的代表种，如蠼螋（huòsōu）。

15. 重舌目　目前仅知约 10 种。我国尚未采到标本。体小而扁（仅 8 ~ 10 毫米），咀嚼式口器，触角短小；前胸大，超过中后胸之和；足较短，腹部 11 节。鼠类体外寄生，以鼠的皮肤末屑为食。

16. 鞘（qiào）翅目　简称甲虫，是昆虫纲中第一大户，已知约 25 万种。咀嚼式口器；前胸大，可活动，中胸小；前翅演化为革质，称鞘翅，后翅膜质，有些种类消失；幼虫多为蛏型，裸蛹。常见种有金龟子等。

17. 捻翅目　已知约 300 种。口器咀嚼式但极退化，触角鞭状；前翅退化，呈棒状，后翅阔大，扇形，雌虫头胸愈合，无眼、翅及足。营寄生性生活，如捻翅虫。

知识小链接

口　器

　　昆虫口器的功能主要是摄食、感觉，由头部后面的 3 对附肢和一部分头部结构联合组成，包括一个上唇、一对大颚、一对小颚、一个舌和一个下唇。上唇是口前页，舌是上唇之后、下唇之前的一狭长突起，唾液腺一般开口于其后壁的基部。大颚、小颚、下唇属于头部后的 3 对附肢。

---

　　18. **广翅目**　已知约 300 种。咀嚼式口器，触角丝状；前胸长，近方形，翅宽大，后翅臀区发达，腹部粗大，缺尾须。幼虫水生肉食性，如泥蛉。

　　19. **直翅目**　已知约 20 000 种，包括蝗虫、螽（zhōng）斯、蟋蟀、蝼蛄（lóugū）各科，为昆虫纲中第六大目。大中型昆虫，体粗壮，前翅狭长，后翅膜质宽大，后足善跳跃（蝗），前足为开掘足（蝼），腹端有产卵管（雌螽斯、雌蟋蟀）。

　　20. **长翅目**　已知约 600 种。头垂直并向下延长，口器咀嚼式，触角丝状，复眼大，前、后相似，雄性尾端钳状上举，又名蝎蛉（xiēlíng）。成虫产卵土中，幼虫喜潮湿环境，捕食性。

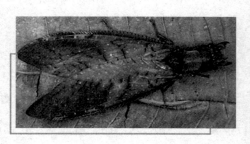

蛇　蛉

　　21. **蛇蛉目**　已知约 60 种。头蛇形，复眼大，触角短丝状；前胸细长如颈，足较短，前、后翅相似；腹部宽大，缺尾须。幼虫生活于林间树皮下，捕食性，如蛇蛉。

　　22. **脉翅目**　已知 6 000 余种。复眼大，相隔宽，触角丝状；前胸短小，中、后胸发达；有翅两对，前、后翅相似，脉纹网状，翅缘多纤毛；腹部缺尾须。肉食性，如草蛉。

23. **毛翅目**　已知约 3 600 种。退化了的咀嚼式口器，触角长丝状，复眼发达；翅两对，有鳞或密集的毛，横脉少，后翅宽广，有臀（tún）域；幼虫水生，吐丝作巢，植食性，如石蛾。

石　蛾

24. **鳞翅目**　约有 20 万种，为昆虫纲中的第四大目。口器虹吸式，触角棒状（蝶亚目）；丝状、羽状或栉状（蛾）；翅膜质，布满多种形状各种色彩的鳞片。幼虫植食性，如粉蝶之幼虫"菜青虫"。

25. **膜翅目**　已知约 12 万种，为昆虫纲中的第三大目。头大能活动，复眼大，有单眼，触角为丝状、锤状、曲膝状，口器咀嚼式或中、下唇及舌延长为嚼吸式（蜜蜂科）。翅膜质脉奇特。

26. **双翅目**　已知约 85 000 种，为昆虫纲中的第四大目。口器舐吸式或刺吸式，触角环毛状或丝状（蚊）、芒状（蝇），前翅 1 对，后翅退化为平衡棒。肉食性、腐食性或吸血；围蛹或

拓展阅读

哺乳动物

哺乳动物是指脊椎动物亚门下哺乳纲的一类用肺呼吸空气的温血动物，基本恒定体温，因能通过乳腺分泌乳汁来给幼体哺乳而得名。哺乳纲目前有约 5 676 个不同物种，分布在 1 229 个属，153 个科和 29 个目中，约占脊索动物门的 10%。哺乳动物的身体结构复杂，有区别于其他类群的大脑结构、恒温系统和循环系统，具有为后代哺乳、大多数属于胎生、有毛囊和汗腺等共通的外在特征。它们的环境适应能力很强，分布区域广泛，从海洋到高山、从热带到极地都有分布。人类也是哺乳动物的一员。

裸蛹。

27. **蚤目** 已知约 2 200 种。体小而侧扁，刺吸式口器，眼小或无，触角短锥形；皮肤坚韧，多刺毛，翅退化，后足跳跃式；腹部扁大，末端臀板发达，起感觉作用。外寄生于鸟及哺乳类动物。

28. **缺翅目** 已知约 22 种。体型小，嚼吸式口器，触角短，仅 9 节，念珠状；前胸发达，有无翅型和有翅型两种，有翅型翅也能脱落，尾须短而多毛。1973 年中国科学院动物研究所黄复生先生在西藏采到该目的一种昆虫，为我国首次记录。

裸　蛹

29. **啮虫目** 已知约 2 000 种。体小、头大垂直，触角长丝状，口器咀嚼式；前胸缩小如颈。翅膜质，前翅大于后翅，翅脉稀但隆起；足较发达，能跳跃。生活于腐烂物质、书籍、面粉中，如书虱。

30. **食毛目** 约有 4 500 种。体扁、头大，眼退化，口器为变形的咀嚼式（常以上颚括取鸟羽、兽毛及肌肤分泌物为食）；触角短小，最多 5 节，翅退化，前足攀登式。寄生于鸟及哺乳类动物身上，如鸡虱。

知识小链接

触　角

触角亦称为触须，是指某些有爪动物、节足动物或是软体动物等生长于头部的一种感觉器官。触角具有听觉、触觉以及嗅觉等功能，形状多种多样，常见的有丝状、鞭状、念珠状、锯齿状、栉齿状、羽状等。除此之外，例如蜗牛头上的软角、虾的长须等，也都是属于触角。

31. **虱目**　已知约 500 种。体扁，头小向前突出，眼消失或退化，刺吸式口器，触角较小；胸部各节愈合，缺尾须，前足适于攀援。寄生于哺乳类动物身体上，如虱子。

32. **缨翅目**　已知约 6 000 种。体型小、细长，复眼发达，翅狭长、脉退化，密生缨状长缘毛；口器特殊，左右不相称，故称锉吸式。植食性，喜生活于植物包叶间及树皮下，个别种类为捕食性，如蓟（jì）马。

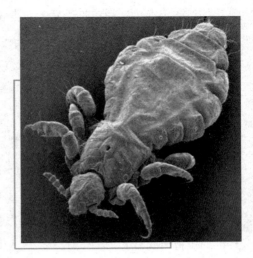

虱　子

33. **半翅目**　已知 50 000 余种，是昆虫纲中第五大目。头小，口器长喙形刺吸式，向前下方伸出，触角长节状；前胸宽大，中胸小盾片明显；前翅基丰厚硬如革，后半膜质。植食性或捕食性，如蝽（chūn）象。

34. **同翅目**　已知约 32 800 种。是昆虫纲中第七大户。复眼较大，口器刺吸式，生于头部下后方；前、后翅均为膜质，透明或半透明。大部分为农林主要害虫，有些种可借助口器传播植物病害，如蚜虫。

蚜　虫

当你读完前文后，便会很自然地提出这样一个问题来：昆虫的种类为什么这样多？

解答这个问题并不十分困难。中国有句俗话，"耳听为虚，眼见为实"。只要经常到大自然中去走走看看，这个问题便会从书本知识变为现实的东西。在大自然中观察昆虫，你会从中学到书本中没有的知识，并能开拓你的思维能力。昆虫种类繁多，主要有以下几方面的原因。

1. 繁殖能力强 昆虫的生育方法一般是雄、雌交配后，产下受精卵，在自然温度下孵化出幼虫来，这种繁殖方式称有性生殖。在大部分种类中，一只雌虫可产卵数百粒至千粒。蜂王产卵每天可达 2 000 ~ 3 000 粒。白蚁的蚁后每秒可产卵 60 粒，一生可产卵几百万粒。一对苍蝇在每年 4 ~ 8 月的 5 个月中，如果生育的后代都不死，一年内其后代可多达 19 000 亿亿只。一只孤雌卵胎生的棉蚜在北京的气候条件下，6 ~ 11 月的 150 天中，如果所生的后代都能成活，其后代可达 60 000 亿亿只以上。如果把这些蚜虫头尾相接，可绕地球转 3 圈。还有些种类的昆虫有幼体生殖、卵胎生、多胚生殖等有利于扩大种群的生育方法。

2. 体型小 昆虫的体型小，使它们在争夺生存空间战中占了很大便宜。昆虫中，体型最大也只有十几厘米，一般都在 2 ~ 3 厘米之内，还有许多种类要用毫米甚至微米测量。一块石头下的蚁穴中，可容几万只且过着有秩序的社会生活的蚂蚁；一片棉叶下可供几百只蚜虫或白粉虱生活、繁殖和取食。有人统计过，1 公顷的草坪可轻松地容纳下近 6 亿只跳虫自由自在地生活。

苍 蝇

3. 食量小，食物杂 昆虫中食量小的种类很多，如一粒米或一粒豆可使一只米象或豆象完成从卵、幼虫、蛹到成虫的全过程所需的食物。食性杂、食源广的特性也为昆虫提供了生存的机遇。舞毒蛾的幼虫能很自然地取食 485 种植物的叶子；日本金龟子可不加选择地取食 250 种植物。从植物受害方面讲，苹果树有 400 种害虫，榆树有 650 种害虫，栎树有 1400 种害虫。

4. 有很强的迁移能力　昆虫有着善于爬行和跳跃的足以及专门用来飞翔的翅，这就扩大了它们的生存范围。昆虫可借助风力和气流远距离迁移。危害小麦的黏虫的成虫，在迁飞季节，可从我国的广东省起飞，跨高山、越大海到达东北各省，而且每次起飞可持续 7～8 小时而不着陆，每小时的飞翔速度竟高达 20～24 千米。昆虫还可借鸟、兽、人、植物种子、苗木及原材料的往来和运输来迁移。这样借天力人为，就扩大了它们的生存天地。

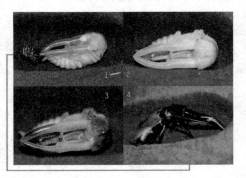

卵、幼虫、蛹到成虫的全过程

5. 有很强的适应性　昆虫耐饥饿、耐严寒、抗高温、抗干旱的能力很强。咬人的臭虫一次吸血后，可连续存活 280 天。跳虫在 -30℃ 的低温下还能活动。在浅土中过冬的昆虫幼虫或蛹，只要来年冰消雪化，即可苏醒过来，继续生活并繁衍后代。多种仓库害虫可忍耐 45℃ 的高温达 10 小时而不死。珠绵蚧包在

趣味点击

臭虫

臭虫，俗称床虱，是一种很小且难以捕捉的寄生昆虫，属于臭虫科。一般来说，臭虫泛指所有偏好以人体血液为食的种属；但其实臭虫科包括所有以吸食温血动物的血液为生的昆虫。臭虫的首选栖息地是床板，尤其是病床或其他公共地方的床。臭虫虽然不是只在夜间活动，但夜间仍然是它们的主要活动时间，可以在宿主不留意的情况下吸取宿主的血液。臭虫曾经于 20 世纪 40 年代早期在发达国家间蔓延，后来得到治理；不过，从 1995 年开始，臭虫再度在世界为患，并开始在北美造成严重的卫生问题，无论是多伦多图书馆还是纽约市的豪宅区均无一幸免。

球形体壁内的幼虫，在完全干燥的沙土中可活 8 年之久。

6. **多变的生存行为**　昆虫有着多种复杂的变态以及模仿、拟态、防御等自我保护行为，这就为保护其种群的生存、发展创造了极为有利的条件。

昆虫的外部附肢器官

◎ 足上的力学

足是昆虫的主要运动器官。有了足就可带动身体去寻找食物、求婚配对、选择适宜的生活场所。一句话，昆虫没有这六条腿就生活不下去。

不要小看昆虫这几条小腿，它们在结构和式样上，还真有点学问哩。

昆虫能灵活地运动，与足的构造形式有着极为密切的关系。昆虫的足共分为 5 节，很像是一台高性能挖土机上的分节铁臂。昆虫足的第一节与身体相连，生长在一个叫

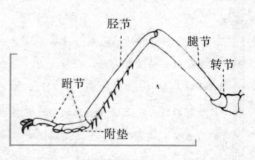

昆虫足的构造

作基节窝的小坑里，它起着根基的作用，支撑着足的重量，人们叫它基节；第二节短而圆，是整个足上的大转轴，好像挖土机上的转台，操纵着足的转动方向，人们叫它转节；第三节粗大，表皮下面生长着发达的能伸能缩的肌肉，起着挖土机上那根长而有力的铁臂和拉链的作用，它起的作用和模样，又像是人们的大腿，所以叫作腿节；再前面的一节起着推拉杆的作用，足的伸长或缩短，走起路来迈步子的大小，主要由这一节来支配，叫作胫节；胫节前面的一节，是由 2~5 个小节组合而成的，由于各节之间相隔很短，运动

灵活，便于附着在物体上向前爬行和攀登，就叫它跗节；最后一节的顶端，还长着两个又尖又硬的爪子，可用来协助跗节抓牢物体不至于脱钩。有些种类昆虫的两爪之间，还长着有弹性的垫子，可凭借它分泌的黏液和吸附力，将足附着在光滑的物体表面，甚至倒悬着也不会掉下来。还有不少昆虫的跗节及爪垫上，生长着极为灵敏的感觉器官，一经与物体接触，便可知道物体情况，以决定其行动。

由于昆虫足的结构有着力学的科学原理，因此，便产生了极为惊人的抓、爬、跳、弹、拖、拉、挖的力量。如果你有兴趣，不妨做个实验，捕捉一只体形较大的甲虫，用镊子细心地将一条腿自基部完整地摘下来，并平行地夹住，再用另一把镊子牵动基节内的肌肉，便可看到腿的运动及收缩情况。如果在爪尖上挂一个是腿重量 250 倍的物件，腿的结构也不会受到损伤。

1. **举重冠军**　一台吊车，在建筑高层楼房的工地上，伸展着它那高大的铁臂，在吊装庞大的水泥构件。围观的人们赞扬吊车的无比威力。有个过路的行人听到这种评语后却说："吊车在建筑工地上确实立下了功劳，但它吊举的能力却不及自身的重量，真正的抓举冠军的头衔并不属于吊车，而是在空中飞翔、靠捕捉其他有害小虫为食物的蜻蜓和盗虻。"

盗　虻

人们做过这样的实验：捉来一只身体健全的蜻蜓，用线把它的胸部捆好，让它抓住相当于其体重 20 倍的食物，轻轻提起；蜻蜓竟能靠足的抓力，抱紧食物达 15 分钟之久。我们也曾看到蜻蜓捕捉比它体积大 5 倍以上的天蛾成虫，飞离地面数米，然后停留在树梢上嚼食。

盗虻在抓举竞赛中也毫不逊色，能捕捉到比它身体长 1 倍、重 2 倍的负蝗，用足轻而易举地抓吊着，远走高飞。

大花金龟可以抓起 324 克的重物，比自身的重量大 53 倍。

昆虫不但抓举能力强，而且抓得很牢固，如果想把它抓住的食物拿掉，并不容易。假如强行夺取，有时甚至将腿拉断，它也

大花金龟

不肯松开。

2. 跳高跳远比赛　一场跳高跳远比赛开始了。参加这场比赛的不是来自世界各地的田赛名将，也不是喜跑善跳的袋鼠和野兔，而是身材极小的昆虫。

第一个出场试跳的是跳蚤。它身着棕褐色的运动服，又小又扁的身材显得那么貌不压众。第一次试跳并不理想，只跳过 20 厘米。裁判员宣布正式比赛开始，这次一跳达到了理想的水平，电子记分牌上显示出"22厘米"的字样，超过了跳蚤身高的100 多倍。

跳　蚤

第二个出场的，是一个身穿深蓝色闪光运动服的黄条跳甲。它背上有两条黄色竖纹，像是 11 号运动员。它肥胖的小个头长得那么匀称。比赛开始，它的六条腿用力一蹬，轻而易举地跳过了 45 厘米高的横杆，竟超过了身高的 250 多倍，夺得了跳高比赛的冠军。

黄条跳甲

跳远比赛开始，跳蚤创造了 50 厘米远的记录，获得了跳远比赛的金牌。黄条跳甲跳出了 45 厘米远，获得亚军。

发奖前，裁判员对跳蚤和黄条跳甲的身体进行了仔细检查后宣布，它们的共同特点是：后足发达，腿节粗壮。其跳跃前的预备姿势是，先将有些弯曲的胫节靠近腿节，然后猛然收缩腿节上的拉肌和胫节上的提肌，并借助跗节与地面的反冲力，将身体弹向空中和远方。为了增加后足的弹力，起跳前前足和中足同时向后下方

蹲去，起到了助跳作用。

有点愣头青的棉蝗，虽然没有取得正式比赛资格，但被允许参加了表演赛。它竟然 10 次平均跳出了 178 厘米，超出了身体长度的 30 倍。棉蝗能跳这么远，原来窍门是在加强了后足的蹬力。棉蝗在起跳时，稍稍地不太显眼地伸展了一下前翅，增加了助跑速度，裁判员认为这是投机取巧，不计成绩。棉蝗的负重跳远却很超群，它能用前足和中足抱住一只小

趣味点击

跳 蚤

　　跳蚤是小型、无翅、善跳跃的寄生性昆虫，触角粗短，口器锐利，腹部宽大，后腿发达、粗壮，属于蚤目的完全变态类昆虫。成虫通常生于哺乳类和鸟类体上，雌雄均吸血；幼虫无足呈圆柱形，具咀嚼式口器，以成虫血液或有机物质为食。

老鼠，跳出 100 厘米远。棉蝗后足胫节上有两排又大又尖的刺。你捕捉它时若稍不留神，只要它用后足一蹬，就能将你的手划破，流血不止。怪不得山区农民给它起了个"蹬山倒"的俗名。棉蝗腿上的刺，除作为自卫武器外，还可用来作刮器，刮划坚硬的地面或石块，发出声响，用来招引异性，并有驱赶天敌的作用。

　　3. 力拖千斤　人们都知道马的拉力很大，一匹体重为 0.7 吨的好马，在良好的路面上，用四轮车最多可拉动 3.5 吨的货物，相当于自身重量的 5 倍。

　　你也许没有想到，动物中拖力最大的大力士并不是马，而是六条腿的小昆虫。

　　为了证明昆虫的拉力有多大，曾有人做过一个实验：捉来一只体重仅有 0.5 克，俗名叫耳夹子虫的大蠼螋，用线拴住它尾部的夹子，在平滑的地面上，可拖动一辆 170 克的玩具小空车，快速地向前爬行；后来再在空车装上东西，并逐渐将重量增加到 265 克，还可勉强拖着走。如果用耳夹子虫的体重，去除它所拖拉的总重量，再把得数四舍五入，就可得出个惊人的数字，它所拖的重量相当于自身重量的 500 倍。

　　用同样方法测试一只体重为 6 克的犀角金龟子，它能拖拉的重量达 1 086 克，比自身重量大 181 倍。

　　一只织巢蚁，可用嘴叼着比它体积大 40 倍的植物叶片，用六条细长的小腿在地面上拖着走。而一只普通的黑蚁，竟能较轻松地将比

金龟子

它的身体重 1 400 倍的食物拖到自己的巢口。

4. 高效率的挖洞机　很早以前，有个横征暴敛、欺压人民的皇帝，百姓被他压榨得无法生活下去了，便联合起来造反。他们拿起锄头、扁担冲进皇宫，皇帝闻讯从后门落荒而逃。追赶的人群喊声震天，惊慌失措的皇帝正无处躲藏时，只见路旁有个蝼蛄挖的土洞，便一头钻了进去，躲过了一场"灭顶之灾"。后来皇帝为报答救命之恩，赐给蝼蛄边地一垄，任它随意吃垄中禾苗。故事虽然属于虚构，蝼蛄挖洞能力的强大可是千真万确的。

蝼 蛄

蝼蛄挖洞的特殊本领，出自它胸部生长着的那对又粗又大的前足。它上面有一排大钉齿，很像是专门用来挖洞的钉耙。

蝼蛄挖洞时，先用前足把土掘松，尖尖的头便靠着中足和后足的推力，用劲往里钻，坚硬宽大的前胸，一起一伏地把挖松的土挤压向四周。就这样挖呀，钻呀，压呀，一条条隧道便形成了，真可谓"功夫不负有心人"。

蝼蛄在地下挖的隧道，浅的也有六七厘米，深的可达 150 厘米，而且一夜之间

广角镜

蝼 蛄

蝼蛄俗名拉拉蛄、土狗。全世界已知约 50 种，中国已知 4 种：华北蝼蛄、非洲蝼蛄、欧洲蝼蛄和台湾蝼蛄。蝼蛄生活在地下，前足适于铲土，湿土中可钻 15～20 厘米深；体圆，头尖，体被绒状细毛，有翅，夜间可出洞；产卵于土穴内，穴内存放植物作为孵出若虫的食物。欧洲蝼蛄有护卵和若虫的习性，吃植物根，大量发生时，损害农作物和园林植物。

竟能挖掘出 200～300 厘米长。其貌不扬的蝼蛄还能在地下挖出"育儿室""休息间"。为了度过严寒的冬天，它还会挖个专供睡眠的土洞。如果能仿照蝼蛄前足的构造及其运动功能，制造一台大功率的挖洞机，用来挖掘地下隧道，造福于人类，那该有多好啊！

5. **昆虫的行走听视与繁殖**　地球上的动物，生长着六条腿的恐怕只有昆虫了。因此，古希腊的昆虫学家，把昆虫纲称为"六足纲"。这个名称被认为反映了昆虫纲的主要特征而流传至今。中国最早研究昆虫的学术团体，也是以昆虫的六条腿特征命名的，叫"六足学会"。

蚊　子

前面说的都是昆虫六条腿的特殊功能及其力学原理。也许有人要问，昆虫长着六条腿，走起路来先迈哪一条，后迈哪一条呢？在高速摄像机问世前，人们为了揭开这个谜，曾经捉来一只身体较大的步行甲虫，把它的六条腿各蘸上不同颜色的油墨，让它在白纸上爬行。起初昆虫用蘸有油墨的足走路很不习惯，于是在纸上画出了一幅极不规则的超现代派抽象画。经过几次实验，终于走出了正规的印迹，清楚地表明它是将六足分为两组，像"三角架"一样交替支撑着身体向前运动的。一组是用身体右边的前足、后足和左边的中足组成；另一组是用左边的前足、后足和右边的中足组成。行走时当第一组的足举起身体向前移动时，另一组的足便负担着支撑身体重量的任务。同一组的 3 足也并不是同时移动，而是前、中、后依次行进。由于一般昆虫的足都是前、中足短些，后足长些，后足迈出的步子总是大些，这样就很自然地使它们的行走路线成为"之"字形。

◎ 昆虫飞行的启示

　　大多数昆虫有翅，并可以飞翔。有了翅就扩大了它们的生活范围，这也正是昆虫在地球上数量如此之多的原因之一。

蝴　蝶

　　昆虫翅的结构很像一只风筝。在翅的表面镶嵌着一层透明的翅膜，在翅膜内贯穿着许多条像风筝用竹签扎成的支架，叫作翅脉。为了使翅膀在飞翔时增强支撑能力，免得被风折断，还有许多横脉将翅膜分成许多大小不同的格子，叫作翅室。有些种昆虫的翅像透明的塑料布，翅脉清晰可见，如蜜蜂和苍蝇的翅就是这样。蝴蝶和蛾子的翅上，覆盖着一层五光十色、像鱼鳞一样排列着的鳞片，而且以鳞片的大小、形状、颜色组成各种鲜艳夺目的图案。至于毛翅目的昆虫，它们的翅膜上还铺满了一层密集的毛。

　　昆虫光有翅还不能飞行，还要靠肌肉。翅的基部连接着体内极为发达的肌肉群，而且各种肌肉还有着严格的分工。专管向上提翅的肌肉，叫提肌；管理向下拉翅使虫体下降的肌肉，叫拉肌或牵肌。还有的肌肉用来操纵翅的振动频率和飞行方向的变更。当昆虫要起飞时，

蜻　蜓

肌肉系统开始工作，互相作用，先使翅产生抖动，然后加大牵引力，同时使翅的尖端向下压，利用空气受压产生的阻力，同时将翅的前缘扭转，使气流从翅下通过，将身体举起来，这时振动肌开始工作，昆虫便向前飞去。昆虫飞行的快与慢，由翅的振动频率来决定。当然身体内的肌肉所产生的任何动作，都要由大脑中的神经系统支配，才能运动自如。

昆虫的翅有着这样科学的结构，再加上像机械一样运动着，便决定了有翅昆虫不但能飞，而且有些种类的飞行速度还很可观。

蜻蜓称得上昆虫中的飞行冠军。每当暴风雨将要来临或雨后初晴的时候，常见到蜻蜓三五结伙，数十只成群，多者成百上千只结队飞行，时上时下，忽慢忽快，有时竟微抖双翅来个 180° 的大转弯，姿势非常优美。它们还可用翅尖绕着"8"字形动作，以 30～50 次/秒的高速颤动，来个悬空定位表演。蜻蜓时常以 10～20 米/秒的速度连续飞行数百千米而不着陆，有时还会突然降落在植物尖梢上，一瞬间又飞得无影无踪。唐诗中有"蜻蜓飞上玉搔头"的诗句，生动地描述了它们飞行的特殊技能。

蜻蜓飞得这样快，可是它们的翅却不会被折断或受到损伤，除了翅上布满像蜘蛛网状的翅脉，承受着巨大的气流压力外，在翅的前缘中央，生长着一块极其坚硬、叫作翅痣的黑色斑，起着保护翅的防颤作用。制造飞机的人们从中受到启示，在机翼的前缘组装上了一块较厚的金属板，不但使飞机在航行中减少了颤动，提高了安全系数，也起到了平衡作用，加快了飞行速度。

蝗虫的飞行能力也很惊人。成年蝗虫每天可轻而易举地飞行 160 多千米。在摩洛哥发现的蝗群，原来是从 3 200 千米以外的南部非洲飞来的，后来不仅从西非飞到孟加拉国，而且又经过土耳其向北飞去，有些迷途的蝗群竟飞到了英国。

黏虫的飞翔能力也很超群。有人曾做过这样的实验：在黏虫春季回迁季节，在其身体上做好标记，从我国南方的广东省释放，3～5 日后即在我国最北方的黑龙江省回收到。人们在追踪观察中发现，黏虫一次起飞可连续 7 ~ 8 小时不着陆休息，飞行速度可达 20 ~ 40 千米/时。

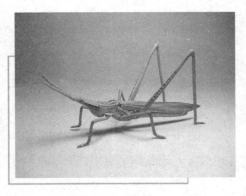

蝗　虫

金龟子每秒钟可飞行 2 ~ 3 米远。身体只有 1 毫米多的蚜虫，在无风天气，每小时也可飞 0.8 ~ 2 千米，而且在借助风力的情况下，可飞得很高，有人曾在 3 970 米的高空中捕到它们。

苍蝇、蚊子、牛虻只有一对翅膀，原来的后翅退化成半个哑铃状的棒翅，一般称为平衡棒，可是它们的飞翔速度并没减慢。家蝇每秒可飞行 2 米；牛虻每秒飞行 5 ~ 14 米；鹿蝇的飞行速度可与现代超音速飞机媲美，每小时可飞行 400 千米。

一些昆虫从用两对翅飞行，演变成用一对翅飞行，这是飞行能力发展的必然结果。从进化的角度理解，它们应属于昆虫中的"贵族"了。

双翅目昆虫的后翅已经退化得很小，所发挥的功能却不减当年，虽然振动频率与前翅一样，但力向相反，在水平飞行时起着稳定身体的平衡作用。当身体偏离航向时，一侧的平衡棒便急速地振动，而另一侧的减慢振动，用来及时纠正航向。平衡棒还可以保持机体的爆发能力，以便能垂直起降。昆虫棒翅的导航原理，已被科

苍　蝇

学家们利用，仿制成叫作"音叉式振动陀螺仪"的小型导航仪，并在火箭和高速飞机上装配，起到了稳定安全飞行的作用。

◎ 万花筒与偏光镜

在昆虫寻找食物、躲避敌害、谈情说爱、传宗接代等多种多样的活动中，眼睛——视觉器官起着很重要的作用，因为需要依靠它才能与周围的环境建立起密切的关系。

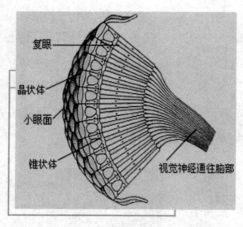

昆虫的复眼的结构

在所有的动物中，昆虫的眼睛不但最多，而且构造也很特殊。它除了在头的前方两侧，有 1 对大而突出的叫作复眼的眼睛外，在两个大眼之间还有 1 个或 3 个叫作单眼的小眼。1 个复眼并不是一个单体，而是由许多六角形的小眼聚集在一起形成的。因此，复眼的体积越大，小眼的数量也就越多。

不同种类昆虫复眼中的单眼，其数量有多有少。据科学工作者们的观察和计算，蜻蜓像一个变色灯泡、又圆又大的复眼，竟是由 10 000 ~ 28 000 个小眼组成的；蝶类的复眼则由 12 000 ~ 17 000 个小眼组成；在水中生活的龙虱，每个复眼由 9 000 个小眼聚集而成；家蝇的复眼有 3 000 ~ 6 000 个小眼；蚊虫的复眼只有 50 个小眼。让人们难以理解的是，同是一种蜜蜂，工蜂的复眼由 6 300 个小眼组成，蜂王的复眼为 4 900 个小眼组成，而雄蜂的复眼是由 13 090 个小眼组成的。

昆虫的复眼虽由这么多小眼组成，但大多数视力并不强，有点接近于近视。经过科学家们的测量，得出的结论是，家蝇的视觉距离只有 40 ~ 70 毫米，蜻蜓的视觉可达 1～2 米。不过，有一种非洲产的毒蝇却能清楚地看到 150 米左右远的物体。

虽然昆虫能看到物体的距离较短，但它们对物体移动的觉察能力却很敏锐。当一个物体忽然在眼前闪过，人们的眼睛要在 0.05 秒的时间内，才能看清模糊轮廓，而苍蝇只要在 0.01 秒内就能辨别其形状大小。根据这种现象，人们从雄蝇追逐雌蝇的飞行路线中发现，苍蝇的复眼视觉有着绝妙的追踪能力。

昆虫复眼的结构既复杂又巧妙。复眼中每个小眼的前面都镶嵌着一层像凸透镜一样的、叫作角膜的聚光装置，它起着照像机镜头那样校对焦距的作用。角膜下面连接着调整清晰度的晶体部分和辨别颜色的色素细胞和感觉束，它还与视觉细胞、连接大脑的传感神经相通。当神经感觉到聚光系统传入光点的刺激时，便形成点的形象。许多小眼内的点像互相作用，即连结成一幅完整的影像。如果把一只完整的复眼取下，用石蜡包埋并用切片机纵切开，封闭在玻片上，在放大镜下观察，便可见到许多菱形的小眼，像一朵葵花盘似的聚集在一起。如果将半个复眼变换着角度在阳光下观察，由于光的折射作用，在眼面上会出现五颜六色、绚丽夺目的斑点，很像一只奇妙的万花筒。

昆虫复眼中的小眼数量不同，对不同颜色的分辨能力和敏感程度

拓展阅读

视　力

视觉是通过视觉系统的外周感觉器官接受外界环境中一定波长范围内的电磁波刺激，经中枢有关部分进行编码加工和分析后获得的主观感觉，视力是视网膜分辨影像的能力。人所感知的外界信息有 95% 来自视觉。人的眼可分为感光细胞的视网膜和折光系统两部分。波长为 370～740 纳米的电磁波，即可见光部分，通过折光系统在视网膜上成像，经视神经传入到大脑视觉中枢，就可以分辨所看到物体的色泽和亮度，因而可以看清视觉范围内的发光或反光物体的轮廓、形状、大小、颜色、远近和表面细节等情况。

也不一样。人们的眼睛看不到紫外线光，可是在蚂蚁、蜜蜂、果蝇和许多种蛾子的眼里，紫外线却是一种刺激性最强的光色。又如蜜蜂不能辨别橙红色或绿色，荨麻蛱蝶看不到绿色和黄绿色，金龟子不能区分绿色的深浅。

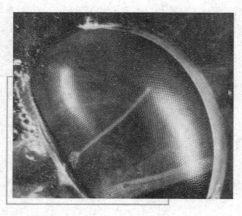

蝗虫的复眼

有些昆虫的复眼，在飞行过程中还起着定向和导航的作用哩。蜜蜂就是其中的一例。它们眼中的感光束，呈辐射状排列着。每个感光束由 8 个小网膜细胞组成，其中的感光色素位于密集的微绒毛中，凭借感光色素分子对光的吸收能力，形成特殊的定向功能。蜜蜂就是利用复眼中这些极为复杂的视觉细胞感受到透过云层散射出来的、有固定振动方向的偏振光，来判断太阳在天空中的位置，即使天空中乌云密布，外出百里之外采蜜的蜜蜂回巢也不会迷失方向。人们受到蜜蜂眼睛构造的启示，根据其原理，已成功地制造出一种叫作"偏振光天文罗盘"的仪表，从此飞机能穿云破雾、搏击长空，舰艇在阴雨连天的大海中航行，都不再迷航了。

有一种象鼻虫的复眼，可起到速度计数器的作用。它能根据眼前所见到的物体从一点移动到另一点需要的时间，通过脑神经计算出自己相对于地面的飞行速度。因此，这种甲虫在飞行着陆时，离它选定的着陆点误差很小。人们据此研究出了测量飞机飞行速度的仪表——地速计。这种仪器还能测量火箭攻击各种目标时的相对速度。

昆虫头上的单眼，只是一个四周没有受到任何压力的圆形角膜镜，所以它只能辨别小范围内光的强弱，以及映入眼中但不清楚的影像距离。

◎ 千姿百态的顺风耳

法国著名昆虫学家法布尔，为了验证蝉有没有耳朵，做过一次实验。他

蝉

把两门土炮架在大树下。蝉正在树上醉心地唱歌。轰！炮声响了。响声如霹雳一样震耳欲聋，可是蝉却像是没有听到似的，照样唱个不停。所以法布尔当时断定：蝉是聋子，它没有耳朵——听觉器官。

蝉不是聋子，它也能听到声音，只是它的听觉器官与高等动物的耳朵不大一样。法布尔生活在 19 世纪，那时还没有测试昆虫听觉能力的仪器供他使用，再加上当时对声波的认识还不完善，只靠眼睛观察放炮后蝉的动静，因此得出了不正确的结论。

不论哪种动物的听觉器官，能够接受的声波频率都有一定范围。人类的耳朵可以听到每秒振动 20～20 000 次之间的声波，低于这个频率的次声波和高于这个频率的超声波都听不到。昆虫有着它们自己接受声波的范围，即使不同种类的昆虫对声波的接受能力也不相同，频率过高或过低的声音，它们不一定都能听到。蝉对同一种蝉的叫声的接受能力比较灵敏，可是你在它身边喊叫、拍手，甚至像法布尔那样放土炮，它都满不在乎，就是这个道理。

蝉的耳朵并不像高等动物长在头上，而是长在腹部第二节附近，由比较厚的鼓膜和 1 500 个弦音听觉芽以及感觉细胞组成。当声波传到听觉器官上，再把信号传到脑子里，蝉就听到了声音。但由于这些听觉芽像丝一样延长，所能感受到

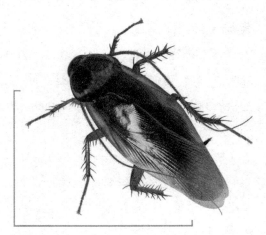

蟑 螂

的声波很有限，因此蝉的听力也很差。

不同种类昆虫的耳朵和在身体上的位置不一样，其听力也不同。

这里拿同属于直翅目的蝗虫和蟋蟀来作个比较。蟋蟀的耳朵长在前足胫节（小腿）的基部，从外面看像是一条椭圆形的细缝，表面有层发亮的鼓膜，每个鼓膜里有 100 ~ 300 个感觉细胞，鼓膜受到外部声波的冲击，将振频传入中枢神经，这时同类昆虫便可彼此呼应了。

知识小链接

声 波

声波是声音的传播形式，是一种机械波，由物体振动产生。声波在气体和液体介质中传播时是一种纵波，但在固体介质中传播时可能混有横波。人耳可以听到的声波频率一般为 20 ~ 20 000 赫兹。声波可以理解为介质偏离平衡态的小扰动的传播。这个传播过程只是能量的传递过程，而不发生质量的传递。如果扰动比较小，则声波的传递满足经典的波动方程，是线性波。如果扰动很大，则不满足线性的声波方程，会出现波的色散，产生激波。

蝗虫的耳朵长在腹部第一节的两边，像个半月牙形的小坑，里面有块像镜面一样的发达鼓膜，膜上还有个起着共鸣作用的气囊，每个鼓膜下有 60 ~ 80 个感觉细胞。不过，蝗虫休息时，两只耳朵完全被翅膀盖住，只是在展开翅膀飞行时才暴露在外面，接受声音的能力才会更敏感。人们研究了蝗虫所能接受的声波后，已经可以用 15 000 ~ 20 000 赫兹的人工信号来招引蝗虫发出鸣声或起飞等一系列反应。

蟑螂属于蜚蠊目，是一种生活在家庭中偷吃食品、让人讨厌的昆虫。在人们猝然发现它的一瞬间，它便会迅速地逃掉，这是由于它们尾须上的毛状感觉器，像是一台高度灵敏的微波振动仪，能感到频率很低的音波，不仅能测到振动的强度，就连方向也能感觉出来。蟑螂能感受音波的尾须，可以说就是耳朵的代用品。

知识小链接

细　胞

细胞是生命活动的基本单位，可分为两类：原核细胞、真核细胞。已知除病毒之外的所有生物均由细胞组成，但病毒生命活动也必须在细胞中才能体现。一般来说，细菌等绝大部分微生物以及原生动物由一个细胞组成，即单细胞生物；高等植物与高等动物则是多细胞生物。

鳞翅目中的夜蛾（如黏虫、地老虎、甘蓝夜蛾等），它们的耳朵长在胸部和腹部之间的两侧，在节间膜部位的凹陷处，像个菱形的小洞，平时不易看到，只有表面那层透明鼓膜下面的鼓膜腔开始充气时才比较明显，里面有两个感觉细胞与鼓膜相连。夜蛾晚间飞行时，在距离它们的天敌——蝙蝠还有 30 米时，耳朵中的鼓膜与感觉细胞就已捕捉到蝙蝠发来的超声波。夜蛾感到大祸临头，便急速降低飞行高度，避开声波覆盖范围，从而保存了生命。

夜蛾（地老虎）

昆虫不仅到了成年时有着千奇百怪的耳朵，有些种类在童年（幼虫）时就有起耳朵作用的感觉器官——毛状感觉器。

毛状感觉器是由毛原细胞、膜质细胞和感觉细胞三部分组成。膜质细胞在幼虫的表皮上形成膜状毛窝，毛窝中生有一根空心刚毛，当刚毛受到空气振动或外部压力时，便把接收到的外界刺激传到感觉细胞的接触点，再由感觉神经传到中枢神经，使虫体产生出迅速而又有多种表现的反应来。

长有这种毛状感觉器官的，多为身披又长又密毛束的毒蛾科和枯叶蛾科的幼虫。舞毒蛾幼虫的感觉毛能接收 32～1 024 赫兹频率的音波，大致与暴雨欲来时的雷声频率相同。这就使它们闻声后能即刻将身体蜷缩，从树上跌落下来。

◎ 真假尾巴的功能

动物中的飞禽走兽，都长有尾巴。不过不同种类的尾巴所起的作用各不相同。马的尾巴能驱赶叮咬皮肤、吸食血液的虻蝇；长尾猴的尾巴起着帮助攀援的作用；袋鼠的尾巴不但能助跳，还能用它来支撑身体，进行格斗。

昆虫中也有不少种类生长着起不同作用的尾巴。

衣鱼，俗名蛀书虫蠹（属缨尾目衣鱼科），体小柔软，身披银灰色鳞毛，常栖息于书籍、纸张和衣物间蚀食，一旦被人发现，动作极为敏捷，转眼便溜之大吉，无影无踪。它们这种逃避天然敌害的本领，与其生长在腹部末端的尾巴有着极为密切的关系。

衣鱼的尾巴，是 3 条分节比身体还要长的尾毛须。这 3 条须不但有着触觉功能，也是运动的附属器官。衣鱼善于爬行在垂直的墙壁上，除肚子下面有着起吸附作用的泡囊外，尾巴总是紧贴着墙壁，上面那密集的短毛还起到助推和防止下滑的作用。衣鱼为防止蜘蛛、蝇虎等天敌的捕食，停息时总是不停地摆动着尾梢，诱使天敌将注意力集中到尾梢上来，当尾巴被抓住，分节的尾毛即断掉，身体便可乘机逃脱。这可算是"舍尾保身"术吧。

跳虫属于弹尾目跳虫科，有一条与身体差不多长的尾巴，不过它的尾巴只能作代替步行、加快逃跑速度的工具——弹跳器。跳虫的尾巴，不是

衣　鱼

长在腹部的末端，而是长在腹部的下面。尾巴尖端分成两个带叉的附属器官。平时这个尾巴弹跳器挂在肚子下面的钩状槽内，跳虫要跳时，与弹跳器基节连接着的肌肉突然伸张，弹跳器脱出钩槽，向后下方弹去，借助接触地面时的反弹力，它便跳向高空。跳虫要想跳向远方时，便将弹跳器端部的小叉分开，起到接触地面时的均

天　蛾

衡作用，不致使身体摆动或歪斜，增加了前冲力。

　　在鳞翅目昆虫中，也有一些种类的幼虫长着很明显的尾巴。天蛾科幼虫的第八腹节背板后方，延伸出一根又硬又长，像钉子一样的尾巴，由于它很像身体后面多出了一只角，人们便叫它尾角。

　　天蛾幼虫身体后的尾角，不是幼虫接近成熟时才长出来的，自从卵中胚胎开始发育时，它就有了雏形。当幼虫在卵中形成，将要孵出时，尾角也派上了用场。当幼虫在卵中旋转时，较坚硬的尾角与卵壁摩擦，将卵壳划破，幼虫便破卵而出。另外，它还能起到恐吓别人、保卫自己的作用。

　　杨二尾舟蛾属于鳞翅目舟蛾科。它的幼虫在腹部末端有两条能伸缩，还有着变色作用的尾巴。其实这种尾巴只能说是由皮肤延伸成的软套管。套管基部一段与幼虫皮色相同，前面又长又细的一段呈红色。不过带色的这段平时隐藏在基部的套管里，只有受到惊吓或外敌侵袭时，才利用腹腔充血的压力，猛然翻出，红缨招展，左右摇摆，好不威风。毕竟血液压力有限，不久便慢慢卷起，缩回到好似尾巴的套管中去。这种酷似尾巴，又不起尾巴作用的结构，人们叫它翻缩腺。

　　蜻蜓的交尾过程复杂而有趣。当雄蜻蜓的精子成熟后，第九腹节生殖孔

中的精子，会自行移入第二腹节的贮
精囊里。这时如遇到雌蜻蜓，它们便
忽上忽下，时远时近，互相追逐。当
两性靠近时，雄蜻蜓那细长的、腹部
末端的夹子——抱握器，便猛然夹住
雌蜻蜓的颈部，而雌性则用足抓住雄
性的腹部，并将腹部末端的生殖器，
搭到雄性的贮精器官上。这就是蜻蜓
在空中边飞翔边交配的全过程。不明

杨二尾舟蛾幼虫

真相的人们，总爱说成是蜻蜓在"咬尾巴"。蜻蜓的腹部末端没有具备尾巴功
能的结构，可是当雌蜻蜓体内的卵子受精后，它又总是尽量伸长尾部，在水
面不时地点上几下。人们说是"蜻蜓点水，尾巴先湿"，看起来像是在耍什么
特技，真实情况是蜻蜓在向水中产卵。

◎ 多变的生儿育女器官

　　昆虫的腹部是长筒形。在其腹部末端的第八或第九节上，生长着生儿育
女的繁殖器官，雄的叫交配器，雌的叫产卵器。雄虫的交配器，大部分隐藏
在第九腹节的体壁内，从外表看不到什么奇特的样子。雌性的产卵器，一般
都裸露在体外，样子多变也很离奇。

　　昆虫的种类不同，所需要的产卵场所也不同，因此，产卵器官的外形构
造也多种多样。

　　蝈蝈的叫声清脆悦耳，因而成为人们饲养的宠物。但要在野外捉几只蝈
蝈，并不那么容易。它们生性喜欢在酸枣棵、蒺藜（jílí）苗等那些长刺扎手
的植物上鸣叫，当你刚要走近去捉时，它便跳入杂草丛中，如果你拨开乱草
寻找，找到的常常不是那英俊威武、善于唱歌的雄蝈蝈，而是笨拙丑陋、大
腹便便、身体后面像挎着把马刀的雌蝈蝈。原来它是听到雄蝈蝈的鸣声后，
赶来幽会的，没想到身轻灵巧的雄蝈蝈早利用它那翠绿色隐身术逃之夭夭了，

蝈 蝈

雌蝈蝈反而成为顶替的俘虏。

古书上有"男出征，女耕织"的说法，意思是出征打仗要男儿冲锋陷阵，女子在后方耕田织布。那么蝈蝈为什么是雌的挎刀呢？原来在它身后拖挎的那把像马刀形的东西，是用来划破地皮在土中产下过冬卵的产卵器。

蝈蝈的产卵器，是由 3 对骨化很强的产卵瓣组成的。两对扁平的产卵瓣，把另一对中央有条狭缝的产卵瓣包在里面。三对产卵瓣借助互相关连的滑缝，组成一个中间扁宽、尖端稍细并向上翘的很像是马刀形的产卵器官。

蝈蝈产卵前，也要四处游走，精心选择向阳避风而且比较僻静的地方，先用产卵器试探地表的软硬程度，感到合适时才把地面划破，把产卵器斜伸到土壤深处，这时它便借助于产卵器中间的滑缝向着纵的方向彼此移动的推力，把从腹部排出的卵粒产入土中。

呆头呆脑的雌蝈蝈产完卵后，也不知道修补一下产卵时在地面上留下的斑斑痕迹，便拖着它那已经合不拢的旧"马刀"和疲惫不堪的身体离去。那些在土中散乱着的，又没有任何东西保护的卵粒，常被严冬季节的暴风吹得裸露出来，遭到鸟类的啄食，损失了大半。那些埋得较深的，就依靠那层较厚的卵壳作保护，熬过严寒的冬天，待到春去夏来、百花盛

不同种类昆虫的产卵器官

开时节，孵化出一个个幼小的生命来。

蟋蟀和蝈蝈同属于直翅目，是一个大家族中的远房兄弟。可是蟋蟀的产卵器官却不是马刀形，而是很像倒拖着的一把长矛。这种"长矛"的构造比较简单，只由两块骨化较强的产卵瓣组成，中间的滑缝成为排卵的通道，产卵管的顶头像个三棱形的矛头，张开时酷似鸭子的嘴。

蟋 蟀

蟋蟀产卵时先摆好姿势，用 6 条腿支撑起身体，把产卵管几乎垂直地弯向下方，那鸭嘴状的矛头使劲往下锥，同时还在一张一合地运动着，在地上钻出个垂直的小洞。从体内排出的卵粒，通过产卵管，直接进入小洞的底部。当第一粒卵产下后，蟋蟀为节省点力气，并不把产卵管拔出地面，而是将身体变换一下角度，使矛头偏离开先产下的卵粒，再依次产下第二、第三粒……直到身体不能再倾斜时，才将产卵管拔出地面，再锥、再产，直到把肚子里的上百粒卵全部产完，才算尽到了职责。

饲养过蟋蟀的人们常说："二尾优，三尾孬。"这是挑选好斗、喜叫的蟋蟀个体的标准。蟋蟀有二尾、三尾之分，也叫二枚子、三枚子。凡是雄蟋蟀的腹部末端，只有一对多毛的尾须，如一对尾须之间再多出一根像是长矛状的产卵管，便是不会叫、不能斗的雌蟋蟀了。只要能认清这个明显的特征，就容易鉴别蟋蟀的雄雌了。

雌蝉把腹中的卵产在树木当年生长的嫩枝条上。蝉的产卵器官并不长，但是很锋利。产卵管是由一个带有倒刺和滑槽的中心片、两块带有锯齿的产卵鞘侧片组成，外面由革质化较强的第九腹板保护着。产卵时，雌蝉先用 6 条腿紧紧抱住树枝，伸出带锯齿的产卵鞘，刻划树枝的韧皮，并把木质部刺成小洞，带有滑槽的中心片借助腹部的压力，便把卵输送到小洞里；每洞产卵 1~2 粒后，即移动产卵管，再重复前面的动作，直到把腹中的百余粒卵完全产出。一根细小树枝上约 20 毫米长的范围内，被蝉产卵时锯得"皮开肉绽"。蝉产完卵，只是完成了生儿育女责任的一半，于是后退到有卵枝条的下方，再用产卵器官上的锯齿，将枝条的韧皮锯出一条绕枝的圆圈。由于输导水分和营养的树枝韧皮被破坏，前面一段带有卵的枝条便会枯干。寒冬来临，北风呼啸，枯干的枝条自破口处折断，落在地面上并被吹来的尘土埋没。翌年夏初进入雨季，隐藏在枝条内的蝉卵，在长时期的干渴之后，现在通过卵壳吸足水分，促使内部的胚胎发育。不久白胖的幼蝉破卵而出，挣扎着钻出枝条上的裂缝。幼蝉也不离开地面，而是用它带齿的前足，挖开土层去寻找赖以生存的"奶牛"——树木的根，用它头上针状的嘴吸吮根内的汁液。蝉的这种产卵器官的构造，及其产卵方式和繁衍后代的行为，可算是达到了非常巧妙的地步。

危害小麦的叶蜂属于膜翅目叶蜂科，它们的产卵管很像是一把带齿的锯，产卵时把足骑在叶子的侧面，伸出锯子，在叶片的两层组织间划出一条月牙形的小缝，把卵有次序地产在里面。这时可不能用力过猛，不然会把叶片刺穿，前功尽弃。刺穿叶片即使勉强产下，卵也会暴露在外，被天敌寄生或吃掉，落了个"儿死代绝"的结果。

叶蜂幼虫

有着"树木卫士"称号的姬蜂，它用头上的触角在树干上敲敲打打，很容易地就探测到隐藏在树干深处的天牛、吉丁虫等幼虫的确切位置。此时姬蜂似乎有了囊中取物、唾手可得的把握，便用足抓牢树干，摆出搭架子的姿势，前身下屈，粗壮的腹部连同产卵管高高举起，垂直地顶住树皮，头上的触角弯成锐角并紧贴在树皮上，像两根支柱，使整个身体像一台开钻前的钻井架。井架支好了，由第三产卵瓣选好钻孔，撤出并举向上方，再由第一、二产卵瓣组成带有螺旋钻头的钻锥开始钻孔。坚硬的木质只靠压力钻不进去，6条摆成支架的腿便以钻点为中心开始转动，产卵管也随身体转起来。就这样压呀，转呀，钻呀，经

姬 蜂

过三四分钟后，约有2厘米深的木质被钻透，产卵管正好伸到树干内蛀食木材的幼虫身上，卵便顺着管中的滑缝产入幼虫体内。一只姬蜂要产下数十粒卵，就要探测到隐居树干深处的数十只幼虫，钻数十个产卵孔。可见姬蜂倒拖着的那根产卵管的功能之大、力量之强。

趣味点击

姬 蜂

姬蜂属膜翅目姬蜂科，分布很广，是有重要经济意义的昆虫。形状、颜色、大小各异，一般1.2厘米长，北美洲的长针姬蜂属体长达5厘米。有的种腹部细长而弯曲，像黄蜂，区别一般在于触角较长，节较多；有的种前翅有黑点。产卵器通常比身体长。寄生在蜘蛛以及多类昆虫上，尤其是鳞翅目和其他膜翅目昆虫。

也有些昆虫用来生儿育女的产卵器官，并不那么显眼，构造也较简单。如鳞翅目中的蝴蝶和蛾子，鞘翅目中的甲虫和双翅目中的蚊、蝇，它们的产卵器只是腹部末端逐渐变细的数节，互相套入，能伸能缩，这样的结构被人们称为伪产卵器。因为这些种的昆虫，并不把卵产在任何组织内，只是浅摆浮搁地把卵产在物体表面，不过这种产卵方式产下的卵，极可能会被多种天敌寄生、啃食，或受到风雨、干旱等自然

灾害的毁坏，而不能转化为家族中的成员。

◆❤ 昆虫的内部器官

➡ ◎ 呼吸系统

　　昆虫是以气管进行呼吸的，靠它不断排出废气、吸进新鲜氧气以维持生命。陆生昆虫除胸部外，腹部 1～8 节的两侧体壁上，各有 1 个用来呼吸空气的小圆洞，叫作气门。气门的构造也很复杂。为了防止外界不洁物质进入，周围有较厚的骨质气门片，这是气门的门框。框内有过滤空气的毛刷和起着开或关闭气门作用的栅栏，相当于气门的保险门。当昆虫进入不良环境或气候突变时，便立即关上栅栏门。气门的周围边缘还有着专门用来分泌黏性油脂的腺体，是防止水分进入气门内的特殊构造。气门连接着体壁下的主管道和布满全身的支气管，将新鲜空气输送到各个组织细胞中去。

　　生活在水中的昆虫，为适应特殊的生活环境，生长在身体两旁的气门退化了，而位于身体两端的气门相对发达。如危害水稻的根叶甲，是以腹部末端的空心针状呼吸管，插入稻根的气腔内，借助稻根中的氧来维持生命。龙虱的前翅下有贮存空气的气囊，当它吸满空气后再潜入水中，便可长时间维持生命；空气接近用完时，便又上升到水面，以腹部末端翅鞘下的气孔透过水面膜，尽量充满翅鞘下的囊袋后再潜入水中，完成觅食、交配和产卵等生活过程。

　　牙甲是通过触角刺破水面膜、吸入空气来充满腹面下方由许多拒水毛团绕着的气泡。水生昆虫体外携带着的气泡，不仅能够供应氧气，而且实际上形成一种物理鳃，用来吸收水中的氧。有一种

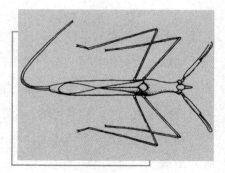

蝎　蝽

叫作蝎蝽的水生昆虫，它们用来呼吸空气的是尾端拖着的那根细长管子，当它穿过水面膜时可进行呼吸。由于它们的身体细长，能贮氧的体积有限，因此常借助水生植物的茎秆，将身体固定住进行呼吸。有些水生昆虫种类的幼虫，是通过身体两侧多毛状的气管鳃吸收水生植物光合作用后释放出的氧来维持生命。

知识小链接

蝎 蝽

蝎蝽是半翅目，蝎蝽科昆虫的总称，又叫水蝎、红娘华，为益害兼有种。体形多变，一般较细。头小，隐于前胸中。触角3节，喙3节。前胸长，呈颈状。前足长而弯曲，适于捕捉。腹末呼吸管细长。成虫及若虫捕食水蚤、孑孓，椎实螺、扁卷螺、蜻蜓及豆娘的若虫；成虫可追捕刚孵化不久的鱼苗和小蝌蚪。

水 蝎

昆虫身体的内部构造，除气管和用来繁殖后代的精巢或卵巢外，还贯穿着完整的消化系统、神经系统和循环系统。

◎ 消化系统

昆虫的消化系统是前连口腔、后达肛门的近似管状的构造。整个消化系统可分为三大段，即前肠、中肠和后肠。前肠的构造较为复杂。当昆虫进食前，食物经过口腔、咽喉、食道再送入嗉囊。生长着咀嚼口器的昆虫，在嗉囊之后还有一个用来磨碎食物的砂囊；生长着刺吸式或虹吸式口器的昆虫，因为吃到嘴里的食物是汁液，用不着再磨碎这道工序，砂囊也就退化了。

前肠之后紧接中肠（也叫胃），是消化食物的主要器官，同时也起着吸收已磨碎了的食物中营养的作用。中肠所以能消化食物，是依靠肠壁分泌的、含有比较稳定的酸性、碱性消化液进行的。

中肠末端连着后肠，后肠按其功能又可分为回肠、结肠和直肠三部分。这一大段主要起着水分的吸收、粪便的形成和把粪便通过肛门排出体外的功能。昆虫的粪便因种而异，其造型过程也是在后肠中完成的。

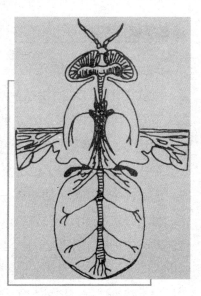

水蝇的中枢神经示意图

◎ 神经系统

昆虫的运动、取食、交配、呼吸、迁移、越冬、苏醒等一切生命活动主要是由神经系统来操纵的。神经系统的主要部分是中枢神经，它起着总调控和指挥的作用。由中枢神经上的各个神经节分出神经系通到内脏、肌肉及身体的各部位，并与所有感觉器官相连接。神经活动的物质基础是神经细胞，各神经细胞间因极其复杂的相互接触，将接收到的不同刺激信号传导开。在这种传递过程中，身体内的乙酰胆碱和胆碱脂酶两种物质起着十分重要的作用。没有这些物质的活动，神经和一切生理机能便都会失控，如果真到那时，生命也就中止了。

乙酰胆碱

乙酰胆碱为中枢及周边神经系统中常见的神经传导物质，于自主神经系统及运动神经系统中参与神经传导。乙酰胆碱由轴突末梢释出之后，会穿过突触间隙、突触后神经元、运动终板的细胞膜上之受体做结合。乙酰胆碱在神经肌肉连接处是控制肌肉的收缩；作用于副交感神经，乙酰胆碱为节前及节后神经释出的神经传导物质；作用于交感神经，乙酰胆碱则为节前神经释出的神经传导物质。乙酰胆碱的作用因被乙酰胆碱酯酶分解而中止。

◎ 循环系统

昆虫循环系统的主要器官是背管，位置在身体的背面中央，纵走于皮肤下方。昆虫的循环系统主要由心脏、大动脉、隔膜三大部分所组成。心脏是背管的主要部分，位于腹部一段，形成许多连续膨大的构造——心室。每个心室两侧有一对裂口，是血液流动时的进口，称为心门。心门边缘向内陷入的部分，是阻止血液回流

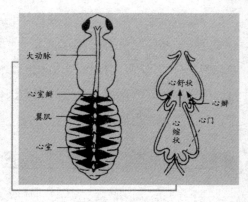

昆虫的循环系统示意图

的心瓣。每种昆虫心室的数量都不尽相同，一般有八九个，也有的合并或更多。如虱类昆虫的心室合并为 1 个，蜚蠊的心室则多达 13 个。

胆碱酯酶

胆碱酯酶是一类糖蛋白，以多种同功酶形式存在于体内。一般可分为真性胆碱酯酶和假性胆碱脂酶。真性胆碱酯酶也称乙酰胆碱酯酶，主要存在于胆碱能神经末梢突触间隙，特别是运动神经终板突触后膜的皱摺中聚集较多；也存在于胆碱能神经元内和红细胞中。此酶对于生理浓度的 Ach 作用最强，特异性也较高。一个酶分子可水解 3×10 分子 Ach，一般常简称为胆碱酯酶。假性胆碱酯酶广泛存在于神经胶质细胞、血浆、肝、肾、肠中。对 Ach 的特异性较低，假性胆碱酯酶可水解其他胆碱酯类，如琥珀胆碱。

大动脉是背管的前段，自腹部第一节向上，通过胸部直达头部。大动脉的前端分叉，开口于大脑的后方，它的主要功能是输送血液。昆虫的内部器官均位于体腔内，血液分布于整个体腔，因此，体腔也就是血腔。血腔由生在背板两侧的背隔膜和腹板两

侧的腹隔膜分为 3 个窦。围心窦在背板下方，背隔上方，背管从中间通过。围脏窦在背隔与腹隔之间，消化道从中通过，并容纳着生殖器官。围神经窦在腹隔的下方，腹神经索从中间通过。在腹部背隔内的背管心脏部位由两层结缔组织膜构成，中间是环形肌。这些三角形的肌纤维由背板两侧达心脏腹壁，成对地排列着，这组结构叫作翼肌。翼肌的多少与心室的数量相等。昆虫的血液循环，全靠心脏的跳动，通过心壁肌有节奏地收缩，先自后心室逐个将血液压送到前心室，如此不停地循环，维持着昆虫的生命。

综上所述，一只小小的昆虫有着如此多功能的节肢和复杂的输导网络，可称得上五脏俱全了。

👁️ 昆虫的世代

有些动物的一生要经过几十年，昆虫的一生往往只在很短的时间里度过。一般的一年过完二三代，有的一年内能完成好多代，如危害棉花的蚜虫，一年中就要过完 20～30 代。有些种类完成一代需要一年或者稍长一点时间，如危害花生等作物幼苗的黑绒金龟子，一年完成一代；危害桑树的天牛，二三年完成一代。但是，在短短的时间里，要经过复杂的、有规律的变化，这是其他动物中十分罕见的。

一只刚从卵里孵化出来的小虫，它的形状和身体的构造如果和成虫不一样，那么在它的生长过程中，就需要经过多次不同的变化。这些变化叫作变态。

有的昆虫从卵里孵化出来后，样子同成虫差不多，变态就简单；有的

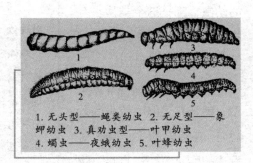

1.无头型——蝇类幼虫 2.无足型——象甲幼虫 3.真蛃虫型——叶甲幼虫 4.蠋型——夜蛾幼虫 5.叶蜂幼虫

几种不同型的全变态昆虫幼虫

相差很多，变态就复杂些。因此昆虫的变态可根据简单与复杂大致分为四类。其中完全变态和不全变态，代表着昆虫中绝大部分种类。比完全变态更复杂的过变态和比不全变态更简单的无变态是比较少见的变态类型。

1. **完全变态又叫全变态**　这类昆虫从卵里孵出来后，幼期的生活习性和结构同成虫完全不同，在一个世代中有 4 个完整的虫态：卵、幼虫、蛹和成虫。卵孵化出来的幼虫，经过几次蜕皮变作蛹，由蛹再变为成虫。这类变态的昆虫在害虫中占着很大的数量，如黏虫、玉米螟、菜青虫、蚊、蝇、金龟子等都是。

全变态昆虫的幼虫和蛹从形态结构上来看，可以再分为一些不同的类型，这些类型能帮助我们认识不同分类范畴里的昆虫种类。

无头型幼虫。头和足已经退化，身体只能见到一个分节不太明显的圆锥形筒，利用节间的伸缩向前蠕动，吃东西时利用锥形的嘴钻到食物里去，大部分蝇类的幼虫就是这样。

无足型幼虫。有明显的头，可是足看不见了，因这类幼虫都是过着比较固定的生活，不用经常移动，足就慢慢地退化了。危害甜菜的象鼻虫幼虫，潜入桃树叶里危害的桃潜叶蛾幼虫，危害树木韧皮部的小蠹幼虫，钻蛀木材的天牛、吉丁虫幼虫和木蠹蛾等的幼虫，都是这个类型。有些书上把无头型和无足型归纳在一起称为无足型。

真幼虫型（也称为寡足型，就是有足但比较少的意思）。有明显的头，有 3 对发达的胸足，叫作真足，腹部的足没有了。移动的时候

你知道吗

什么是蛹

蛹是指一些昆虫从幼虫变化到成虫的一种过渡形态，只在完全变态的昆虫中出现，如蝴蝶及蛾（鳞翅目）、甲虫（鞘翅目）、苍蝇（双翅目）与蜂、黄蜂及蚂蚁（膜翅目）。这个阶段在幼虫后及成虫前出现，成年昆虫的体形会在这个阶段生成，而幼虫的体形结构则会瓦解。大部分的蛹都是固定的，且有着坚硬的保护外壳。

吉丁虫

用胸足拖着身子。危害茄子的廿八星瓢虫的幼虫、危害瓜类的黄瓜守幼虫就是这个类型。

蝎型幼虫，也叫多足型。它们有的有明显的头，胸部有 3 对胸足，腹部有 2 ~ 5 对腹足，如菜青虫和黏虫的幼虫。有 8 对腹足的幼虫，是膜翅目叶蜂类的幼虫，如危害麦子的麦叶蜂等。

幼虫老熟以后，就要寻找隐避的场所化蛹，到了蛹期就不会再移动了。

全变态的昆虫，不但幼虫期和成虫期在形态和结构上不一样，就是在生活习性上也不一样。黏虫的幼虫以庄稼的叶子为食料，成为农业上的大害虫，可是它变为成虫以后，就不再危害庄稼而只吃些花蜜。叩头虫的幼虫是危害庄稼苗的金针虫，可是成虫期就很少吃庄稼，只取食腐烂的物质。

2. **不全变态**　也叫作渐进变态。这类昆虫的幼期从卵中孵化出来以后，身体的形状、结构和生活习性大体上和成虫相像，只是经过几次蜕皮后，逐渐长大，比较显著的是翅膀由小翅芽发育到能飞的大翅膀，生殖器官由不成熟发育到成熟，中间没有显著的变态，也就是在幼期到成虫之间，没有经过蛹的时期。这类昆虫在害虫中有许多种，如蝗虫、棉蚜、稻飞虱等。幼虫期在水中生活的种类，如蜻蜓、蜉蝣等也属于

金针虫

　　金针虫是叩头虫的幼虫，危害植物根部、茎基，取食有机质。危害烟草的主要有细胸金针虫、褐纹金针虫、宽胸金针虫。

这一类。不完全变态昆虫的幼期生活在陆地上的叫若虫，生活在水中的叫稚虫。

3. **过变态** 以红眼黑盖虫（芫菁）为例。它的成虫是大豆、菜豆和土豆等庄稼的害虫，可是它们的幼虫却是专门吃蝗虫卵的益虫。这种虫子的一生变化比全变态更复杂，幼虫型也不完全一样。第一龄幼虫长着长腿，这是为了适应寻找食料的需要。当找到了蝗虫的卵块作为一生的食料后，长腿不再有用，到了第二龄时就变成了短腿。过冬的

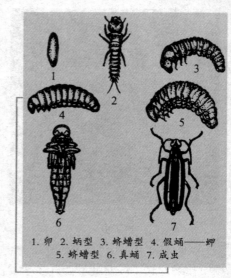

1. 卵 2. 蛞型 3. 蛴螬型 4. 假蛹——蛆
5. 蛴螬型 6. 真蛹 7. 成虫

过变态昆虫各阶段形态

拓展阅读

双尾虫

　　双尾虫是无翅亚纲的一类原始小昆虫，约400种。主要分布于朝鲜、日本、越南等地，以及我国的黑龙江、浙江、福建、江西、湖北、湖南、广东、广西、云南、贵州等省区。双尾虫成虫体长3~4毫米，头部有一个钻石形黑斑，胸部背面有三条黑褐色直线，腹部背面前缘有黑褐色横带，第一腹节背面两侧各有一黑点。生活在土壤中或其他潮湿阴暗的地方，怕光，被暴露时常迅速逃遁隐蔽。取食腐殖质、菌类的微小动物。

时候为了防寒，又变成有硬壳的假蛹。来年春天再变成真蛹，羽化为成虫。这种变态叫作过变态或者复变态，意思是比完全变态又复杂了些。

4. **无变态** 这一个类型的昆虫，从卵里孵化出来以

后，身体的形状和成虫十分相似，从幼期到成虫没有翅芽长成大翅的变化，只是由小长到大，生殖器官由不完全到发育成熟。咬衣服和纸张的衣鱼，还有跳虫、双尾虫，就属于这类变态，一般叫作无变态。在常见的农业害虫中，很少有这种变态的种类。

◉▶ 昆虫的发育

　　昆虫由小到大，大部分种类都要经过几个不同虫态的变化。从卵里孵出幼小虫体的过程叫孵化。幼小虫体经过几次蜕皮，慢慢地由小长到大，长到最大的时候叫老熟幼虫。全变态的老熟幼虫在变作成虫以前，中间还要经过蛹期。由老熟幼虫到变蛹的过程叫化蛹。蛹期虽然不吃不动，但内部却发生剧烈的变化，因此蛹期是昆虫由幼虫到成虫的转变阶段。最后由蛹变成能跳会飞的成虫过程，叫作羽化。在变化过程中，卵、幼虫、蛹和成虫的形态都不相同，每个不同的形态叫作一个虫态。

1.大豆天蛾卵　2.玉米螟卵　3.蝼蛄卵
4.白粉蝶卵　5.花椒凤蝶卵　6.天幕毛虫卵

昆虫各种形状的卵

　　1. 卵　卵自身不能移动，因此，成虫产卵的时候需要选择适宜后代生存的地方，一般是把卵产在可以供应幼期吃住的寄主处。不同种类的昆虫，产的卵也不相同：有的单粒散产，如危害大豆的天蛾；有的许多粒产在一起成卵块，如玉米螟、黏虫的卵；有的许多粒产成一堆，如蝼蛄的卵，当卵成块或成堆产下时，成虫常用种种方法加以保护，有的在卵块上覆盖有分泌物所形成的保护层，如苹果巢蛾的卵块；有的在卵块上覆盖着成虫身上脱落的鳞毛，如三化螟和毒蛾的卵块；蝗虫则把卵产在分泌物所形成的泡沫状的卵袋里，卵的形状有的长，如白粉蝶的卵；有的呈圆球状，如花椒凤蝶的卵；有的扁形像个西瓜子，如玉米螟的卵；有的许多粒在树枝上排列成指环形，如天幕毛虫的卵，有的卵粒很大，如金龟子的卵，在卵壁内贮备了胚胎发育时

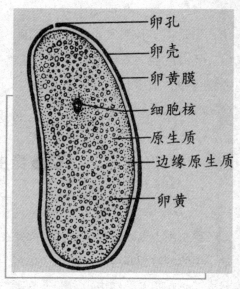

卵孔
卵壳
卵黄膜
细胞核
原生质
边缘原生质
卵黄

昆虫卵的模式构造

所需要的大量营养物质；有的卵粒很小，如卵寄生蜂，能用产卵管把形体很小的卵产在其他昆虫的卵内。产在寄主表面的卵，幼虫孵化后虽能立即得到食料，但易于用杀卵剂防治。而产在隐避处的和外有保护物体的卵，卵期内既不受恶劣气候的影响又不受天敌的损害，也不易施药防治。

趣味点击

玉米螟

玉米螟是玉米的主要虫害，可危害玉米植株地上的各个部位，使受害部分丧失功能，降低籽粒产量。对各地的春、夏、秋播玉米都有不同程度危害，尤以夏播玉米最重。

不论哪种形状的卵，它们的构造大致相同：外面包着一层坚硬的皮，叫作卵壳，起着保护的作用；靠近卵壳里面的一层薄膜，叫卵黄膜，里面贮藏有营养的原生质和卵黄；中间有个细胞核，在适宜的温湿度下经过一段时间的发育，成为胚胎。

在放大镜或显微镜下细看，

在卵的顶端有个小孔，叫作卵孔，是雄雌交配时精子进入卵内的通道。各种卵壳上都有不同形状的条纹、短毛和刺。靠近卵孔周围有各种花瓣形的纹，叫花冠区。花冠区的外围有各种纵棱和横格。从这些特征可以区别不同种类的卵。

卵期是昆虫胚胎时期。从卵的外表看似乎是静止的，其实内部在进行着激烈的变化。

一般昆虫刚产下来的卵是白色、淡黄色或者淡绿色的，过些时候便变成灰黄色、灰色或者黑色，颜色的变化是卵里面的胚胎发育引起的。胚胎发育成熟以后，卵壳里的幼虫便用牙齿或头上的角、背上的刺把卵壳咬开或划破，先把头伸出来，然后全身爬了出来。

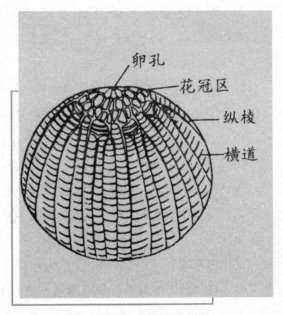

鳞翅目夜蛾卵的卵孔和构造

知识小链接

卵

卵细胞（卵、卵子）是雌性生物的生殖细胞。动物和种子植物都会产生卵细胞。高等生物的卵细胞是在卵巢里产生的。所有哺乳类动物在出生时，卵巢内已经有未成熟的卵细胞存在，而且在出生后卵子数目不会增加。卵子和精子结合受精便形成受精卵，即一个新生命的开始。一些动物是进行体内受精的，而另一些动物（例如大部分的鱼类）则是进行体外受精。

卵的孵化时间很不一致，有的在白天孵化，有的在傍晚或者晚上才孵化。

害虫的卵期，尚不能造成危害，我们应该设法在卵期消灭害虫，把害虫消灭在危害以前。

2. **幼虫**　全变态种类幼虫的身体构造比较一致。生长在最前面的是头，头部比较明显的附肢是嘴和触角。不过幼虫时期的触角比起成虫来要短得多。头后面是胸，分为3个小节，每个节上长着1对足，将来就变成成虫的3对足。胸部后面到尾部的一段比较长，一般有10节，叫作腹部。鳞翅目的幼虫一般腹部长着5对足，如黏虫的幼虫。中间的4对叫腹足，从腹部的第三节到第六节每节都长着1对腹足；最后面的1对叫作尾足。有的只有1对腹足，长在第六节上，如槐树上的尺蠖，又叫步曲，俗称"吊死鬼"。腹部上的这些足在幼虫时期才有，变为成虫以后就消失了，因此也叫作假足。腹足长得又粗又圆，在足的下面长着许多肉眼看不清的小钩，叫趾钩，幼虫就是依靠腹足上的这些小钩在寄主上爬行。

幼虫身体上还有各种形状的毛，叫作刚毛，有的像丝，有的像刺，有的像羽毛。此外，还有顺着身体纵行的不同颜色的条纹和花斑。在中央的一条叫背线，背线下面的一条叫亚背线，亚背线下面气门上面的一条叫气门上线，气门上的一条叫气门线，气门下面的一条叫气门下线，再下面的一条叫亚腹线，两只腹足中间的一条叫作腹线。知道了幼虫身体上的附肢和花纹的位置、名称，在交流虫情的时候，就可以用来作这方面的描述，使人们比较容易识别出是什么昆虫来。

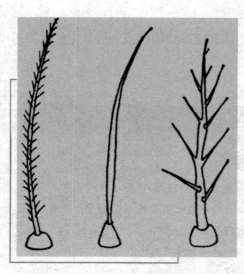

幼虫身体上各种形状的毛

基本小知识

胚 胎

　　有性繁殖的生物体里，一旦精子使卵子受孕，卵子就变成受精卵，并同时拥有精子和卵子的 DNA。植物、动物、部分原生物中，受精卵会自发细胞分裂，并形成一个多细胞的生物体。胚胎指的就是这个发展形成过程的最初阶段，即从受精卵开始第一次分裂，到下一阶段发展开始前。

　　幼虫期是昆虫的主要取食阶段，一般这个阶段经历的时间也比较长，因为幼虫期是为以后各虫态发育储备营养的基本虫态。

　　3. 蛹　是完全变态类幼虫过渡到成虫的一个中间虫态。幼虫老熟后，便停止取食，并将消化系统中的食物残渣完全排出，进入隐避场所准备化蛹。幼虫在化蛹前呈安静状态，这段时间叫作预蛹期。这时昆虫身体的外部结构在旧的表皮下，经过急剧的变化，然后蜕去幼期虫态的皮化作蛹。

　　蛹期是昆虫发育过程中的又一个相对静止时期。这时的内部器官正进行着根本性的改造，先

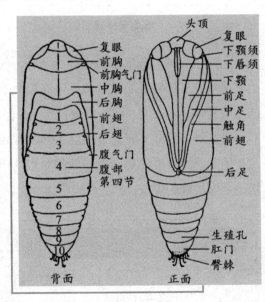

鳞翅目昆虫蛹各部名称

破坏掉幼虫时期的绝大部分内部器官，以新的成虫形态的器官来代替，担任这种破坏任务的，是血液中的血细胞。幼虫期强烈取食所积累的营养物质，是蛹期生命活动能量的来源。

昆虫在蛹期完全不动或少动。鳞翅目昆虫的蛹，只有腹部的第四到六节可以前后左右摆动。蛹的外面也包着一层透明的皮。在蛹将要化为成虫以前，

蚂蚁及裸蛹

一般从皮外就可看到成虫的模样了。蛹的最上面是头，头上有一对大眼和下颚须，中间的一段大部分是胸部，胸上的附肢大部分在前面抱着，并把腹部的一部分盖住。这一段里有下颚须、3 对胸足、触角和将来变成翅膀的部分，这些附肢下面是腹部第四节。在腹部第八或者第九节上有个小洞，是将来成虫的生殖孔，我们可用它来辨别雌雄。这个小洞生在第八节上的将来变成雌蛾，生在第九节上的将来变成雄蛾。第十节以后的末端有些小毛或刺，叫作臀棘，用以扒住茧或者贴在物体上。

有些种类的蛹外面包着一层东西，有的是老熟幼虫身体上分泌的黏液和泥土的混合物，有的是幼虫老熟的时候吐出来的丝，这层东西叫作茧。茧的用途是保护蛹的安全，预防气候突然变化。

知识小链接

蛴螬

蛴螬是金龟甲的幼虫，别名白土蚕、核桃虫、食心虫等。成虫通称为金龟甲或金龟子。除危害木本植物外，还危害多种蔬菜。按其食性可分为植食性、粪食性、腐食性三类。其中植食性蛴螬食性广泛，危害多种农作物、经济作物和花卉苗木，喜食刚播种的种子、根、块茎以及幼苗，是世界性的地下害虫，危害很大。此外某些种类的蛴螬可入药，对人类有益。

蛹的形状很多，大致可以分成3种。

裸蛹：在这种蛹上，可以看到一些将来变为成虫时期的附肢裸露在外面，这些附肢虽然紧贴在蛹体上，可是又彼此游离能够自由活动，如蛴螬和许多种叶岬、象鼻虫的蛹都是这样。其中主要是鞘翅目和膜翅目昆虫的蛹。

被蛹：成虫时期的附肢，被一层坚硬而又透明的皮包着，虽然外面能看到附肢的影像，但附肢不能自由活动，如蛾类和蝶类的蛹。蝶类的蛹由于附着在物体上的形式不同，还可再分为带蛹和垂蛹。蝴蝶的老熟幼虫找到适当的化蛹地点以后，先在物体上吐些有黏液的丝，再将腹部末端与丝粘住，同时为了使头部向上避免掉下来，又围着身体和附着物牵上一根带子一样的丝，因此叫作带蛹。另一种蛹只是用黏液状的丝将腹部末端与物体粘连着，头向下倒垂着，叫作垂蛹。

被　蛹

围蛹：这种蛹被末龄幼虫的一层皮包着，不只身上的附肢不能活动，而且从蛹皮外也看不见，例如双翅目蝇类的蛹。

蛹一般不会动，也不造成危害，设法消灭害虫的蛹，可防止害虫将来造成危害。

蠼螋成虫

4. 成虫　成虫是昆虫一生中的最后一个阶段，其主要任务是交配、产卵以繁殖后代。有许多种昆虫在成虫时期，生殖腺体已经成熟即能交配产卵，当完成生殖任务后即死去。但还有些种类的昆虫，刚羽化后大部分卵尚未成熟，还要经过取食，积累卵发育所需要补充的营养。

昆虫到了成虫期，样子已经固定，不再发生变化，这时雄雌性的区别也表现出来了。雄的触角一般比雌的要发达，感觉器也较多，这些感觉器能在很远的距离嗅到雌性生殖腺所散发的气味而被诱来交配。如小地老虎雌蛾触角为线状，雄蛾则为羽毛状；一种金龟子雄虫的触角显著比雌虫的大，上面有感觉器 50 000 个，能在 700 米内找到雌虫，而雌虫触角上的感觉器只有 8 000 个。此外，有的还表现在生活方式和行为上，如蝗虫、蝉、螽斯等雄虫能鸣叫，可是雌虫没有这种能力。相反，雌虫能挑选将来幼虫适应的寄主去产卵，有的种类如蝼蛄、螳螂等雌虫对所产的卵和三龄前幼虫加以保护和饲养，这是雄虫办不到的。

雄虫的身体一般比雌虫小而活跃，颜色比较鲜艳。这些现象到成虫期都达到了高度的发展，因此区分昆虫种类时常常以成虫为依据。

许多成虫无危害或危害不大，但却能大量繁殖后代，令危害蔓延。所以，我们要特别注意消灭害虫的成虫。

昆虫的龄期和蜕皮

一只昆虫从卵孵化成为幼虫，幼虫期要蜕几次皮，每蜕一次皮就增加一龄，就像高等动物长大一岁一样。刚从卵里孵出来的小虫叫第一龄，蜕过第一次皮叫作二龄，蜕过第二次皮叫三龄，照此推下去，把幼虫蜕皮的次数加上一就是幼虫的龄期。两次蜕皮之间的时间叫作龄期。幼虫蜕皮的次数不完全一样，有的蜕二三次皮，有的蜕五六次皮，大部分蜕四五次。幼龄幼虫食量小，一般尚未造成严重危害，抗药力也小，所以最好把害虫消灭在幼龄期，有些害虫要消灭在三龄前。

成虫蜜蜂的外骨骼形态

昆虫为什么要蜕皮呢？因为昆虫不具有高等动物的骨骼系统，在它们的身体上担负着骨骼作用的是体壳，体壳兼有皮肤和骨骼两种作用，因此叫作外骨骼或体壁。体壁在昆虫身体各部分的厚薄不同，厚的和硬的部分叫作骨片，薄的、软的部分叫膜。

由于这层皮的限制，当幼虫长到一定阶段虫体不能再长大，就要蜕掉旧皮，换上新皮才能继续生长。昆虫蜕皮就成为生命中不可少的环节。由于昆虫的皮是由新陈代谢的产物形成的，所以蜕皮也有排泄的作用。蜕去的皮只是表皮层而真皮细胞并不蜕掉。刚蜕去皮的幼虫抗药力较弱，很多种幼虫又有吃掉所蜕的皮的习性，所以在害虫蜕皮期间施药效果较好。

昆虫的皮虽然很薄，但分层结构还很复杂。一般分为上表皮、外表皮和内表皮三层。上表皮是最外面、最薄的一层，它对阻止水分和农药进入体内起着重要的作用；外表皮是骨化层，骨

昆虫目幼虫蜕皮的形态

片的硬化部分就在这里发生，因此颜色也偏深；内表皮最厚，有些种类还可分为许多层。

昆虫要蜕皮时生理上发生了变化，最先表现的是停止取食，然后找个适合的地方，用足紧紧抓住，不吃不动地过上一段时间。在这段时间里，身体

内的分泌器官分泌出一种叫激素的物质，把旧皮和真皮细胞分离开，在旧表皮下面渐渐形成新的表皮。新表皮形成后，便用力收缩腹部肌肉，同时吸进空气，使胸部膨胀向上拱起，用来压迫旧头壳和胸部背上表皮特别脆弱的地方，把旧头壳顶下来或者从背上裂条缝，然后靠着身体的蠕动，先把头和前胸蜕出来，以后胸部、腹部慢慢地把旧皮蜕掉。在水中生活的昆虫要蜕皮时，除了身体内部产生蜕皮激素以外，还借在水中呼吸空气的气囊压力，使身体膨胀，压迫背部裂条缝把皮蜕下来。

昆虫蜕下来的皮是背部有裂缝的空皮筒。昆虫什么时候蜕皮和蜕皮所需要的时间各不相同。有的5分钟就能蜕下来，如蚜虫；有的需一二个小时，如蝈蝈；有的半天到一天才能蜕完。

昆虫刚蜕完皮后，新表皮的颜色很浅，也很柔软，但通过很短时间就会变暗变硬。这个过程实际上是上表皮中的蛋白质被鞣化的结果。昆虫蜕皮后，内表皮还很薄，随着身体的生长也在不断地加厚。除此以外，不同种类昆虫的表皮上还会生长着不同形状的刚毛和枝刺，有的还能分泌蜡质。昆虫就借着这些附属物和表皮来保护身体内的水分，减少消耗，避免外界的有毒物质浸入身体并防止表皮受到损伤。

当杀虫剂接触害虫体后，就从体壁进入体内使它中毒死亡。不利的方面是：体壁外面的毛、鳞片和刺等是第一道障碍；体壁硬而厚又有较厚的蜡质层是第二道障碍；很多种甲虫，不但外壳坚硬，而且在翅鞘下面还有一空隙，也是农药进入虫体的障碍。有利的方面是：幼龄幼虫体壁较薄，抗药力就小。一般

拓展阅读

激 素

激素音译为荷尔蒙，希腊文原意为"奋起活动"，由内分泌腺或内分泌细胞分泌的高效生物活性物质，在体内作为信使传递信息，对肌体的代谢、生长、发育、繁殖、性别、性欲和性活动等起重要的调节作用。它是我们生命中的重要物质。

说来，同一昆虫的膜区体壁较骨片为薄；感觉器的体壁是最薄的，尤其是触角、足和门器的表面。每个感觉器就好像一个小窗子，那里的表皮最薄，里面连着司感觉的神经，所以感觉器就成了农药进入虫体的"通道"。很多接触杀虫剂都属于神经性毒剂，当杀虫剂进入这些通道后，就直接与神经接触，害虫很快就中毒了。上表皮的蜡质能够阻止水分、砷毒剂和氟素剂等无机杀虫剂透过，但多数脂溶性的有机杀虫剂易于通过蜡质层进入虫体，很多油类杀虫剂也易与蜡质混合并破坏蜡质的结构透入虫体。一般乳剂比可湿性粉剂的杀虫效果高，就是因为乳剂中的油起了运送的作用。因此，使用接触杀虫剂时要考虑昆虫的体壁情况，以提高杀虫效果。

前面说过，昆虫的一生要经过卵、幼虫、蛹（有的没有蛹）和成虫几个虫态。一只昆虫完成了这四个虫态，就算过完了一个完整的世代。如危害白菜的白粉蝶，从成虫产下来的卵，经过吃青菜的幼虫，变成不能移动的蛹，最后羽化为会飞的白粉蝶，这就是菜青虫的一个世代。

不论哪种昆虫，一年中发生的世代越多，危害的时间也就越长，造成严重危害的可能性也就越大。

知识小链接

蜕 皮

许多节肢动物（主要是昆虫）和爬行动物，生长期间旧的表皮脱落，由新长出的表皮来代替，这一过程就称为蜕皮。蜕皮过程受激素调节。同时，蜕去外骨骼以使身体长大或改形也称蜕皮，这种现象多见于节肢动物、线虫和缓步虫类。

昆虫的语言

地球上只有人类——最有智慧的高等动物才真正会使用语言。语言在人类的日常交往中起着重要作用。在电信科学发达后，人们即使相距甚远，也仍然可以依靠有线、无线电话联系。

昆虫可不是这样，虽有口但不能从嘴里发出声音来。那么它们是怎样在同族间，特别是在两性间传递寻偶、觅食、防卫和避敌等信息的呢？原来昆虫有着多种多样不用言传的神奇语言。

1. "化学语言"　昆虫传递信息的主要形式，是利用灵敏的嗅觉器官识别一些信息化合物。昆虫不像高等动物具有专门用来闻味的鼻子。它们的嗅觉器官大多集中在头部前面的那对须——触角上。

萤火虫

生长在触角上的化学物质感受器官，是它们的嗅觉器官。不同种类昆虫的触角形状不同，长在上面的嗅觉器官样子也不一样，有的像板块，有的呈尖锥形，有的像凹下去的空腔，有的就像鸡身上的羽毛。

一些雄蛾的感受器是羽毛状的，就像电视机上的天线，可左右上下不停地摆动，以接受来自不同方位的气味。据科学家们验证，家蚕雄蛾的一根触角上，约有 16 000 个毛状感觉器。蜜蜂一根触角上的感受器可多达 3 000 ~ 30 000 个。它们接受气味的能力非同小可。舞毒蛾的雄性可感受到 500 米以外雌蛾释放出来的气味。一种天蛾能感受到几千米以外同种异性的气味，其敏感程度足以达到单个分子的水平。昆虫利用气味传递信息的方式，叫作

"化学语言"。

蚂 蚁

蚂蚁（属膜翅目蚁科），是人们经常见到的生活在地穴中的社会性昆虫。蚂蚁出巢寻找食物，总要先派出"侦察兵"。最先找到食物的，在返巢报信的途中，遇到同巢的成员时，先用触角互相碰撞，然后再用触角闻几下地面，这样不但通过气味信息传递了食物的体积大小、存在的方向和位置，而且也指出了通向食物的路径。蚂蚁的这种通讯方式，被称为"信息化合物语言"。这种语言只是在同一种昆虫之间传递。

一般昆虫释放的信息素可分为性信息素、报警信息素、追踪信息素和聚集信息素等。

（1）性信息素

松毛虫（属鳞翅目枯叶蛾科）是松树的大敌。其大量繁殖时，常将松针吃光，其惨状酷似"过火林"。人们利用雌蛾释放出来的性信息素防治它，可收到很好的效果。方法是将雌蛾装入纱笼中，悬挂在松林内。当雌蛾释

广角镜

梨小食心虫对果实的危害

梨小食心虫的幼虫多从萼、梗洼处蛀入果实，对果实产生危害。果实早期被危害，蛀孔外有虫粪排出，晚期被危害多无虫粪。幼虫蛀入直达果心，高湿情况下蛀孔周围常变黑腐烂并且渐渐扩大，但苹果蛀孔周围不变黑。

放的化学气味借助风力和空气流动传递给雄蛾时，不但告诉它雌蛾的存在，而且连位置、距离远近都一清二楚地传递了出来，便于雄蛾追踪。

近几年，不少果园在利用人工合成的梨小食心虫（属鳞翅目卷蛾科）性信息素时，发现了一个有趣的现象。当果农傍晚从果园中穿过时，梨小食心

虫成虫总是跟随他们飞舞，甚至用手逐赶也不肯离去，有的还竞相往果农口袋里钻。后来他们才悟出其中奥秘。原来果农的口袋里曾经装过人工合成的梨小食心虫诱芯，诱芯散发出来的气味经久不散，导致了上述现象的出现。性信息素这一看不见、摸不着、人闻不到的特殊气味，在同种昆虫之间却有着如此强烈的"爱也爱不够"的魅力。

同是一种蛾子释放出来的性信息素，成分结构却十分复杂，作用也不尽相同。有的2或3个组分，有的7或8个组分。越是组分多，显示在气味语言中的作用越离奇。雌蛾用性信息素把雄蛾诱来，雄蛾在它身旁停下求爱、交配。这多情多意的过程，就是利用释放性信息素的不同组分或不同浓度，来表达不同的"语言"的。

（2）报警信息素

万里长城上的烽火台，是古代人类用来报警的建筑。那时的人们在发现异常情况或受到外敌侵袭时，总是用呐喊、敲锣、击鼓、鸣号、放烟火等手段报警。现代的报警装置有电铃、电话、电传等。

昆虫的报警则是释放一种多属于萜（tiē）烯类的化学物质，它能以此巧妙地告诉同类，灾难来临，要提高警惕，设法自卫或逃避。

蚜虫（属同翅目蚜科）的体型很小，只能以毫米计算，但它们的报警能力却很强。当蚜群遇到天敌来袭时，最早发现敌害的蚜虫表现兴奋，肢体摆动，并及

蚜虫

时释放出报警信息素。同伴接到信息后，便纷纷逃离或掉落到地上隐蔽。

有句俗话说："捅了马蜂窝，定要挨蜂蜇。"马蜂蜇人，名不虚传。特别是一种非洲蜂与巴西蜂杂交产生的叫作"杀人蜂"的蜜蜂，它们的后代不但

毒性强，而且性情凶猛，曾蜇死数百人畜。曾有在实验过程中逃跑的一些蜂，开始在亚马孙河流域迅速繁殖，不久即蔓延到巴西各地，疯狂袭击人畜。它们随后向南美大陆进军，甚至有侵入美国南部各州的趋势，因而美洲一些国家不得不考虑对付这些毒蜂的策略。这种群袭人畜的疯狂行为，也是报警信息素在起着作用。

即使是一些不知名的马蜂，自卫的本能和警惕性也很高，只要侵犯了它们的生存利益，担任警戒任务的马蜂，会立即向你袭来。一旦被一只马蜂蜇了，就会很快遭到成群马蜂的围攻。这是因为马蜂蜇人时，蜇针与报警信息素会同时留在人的皮肤里。人被蜇后的最初反应是捕打，信息素的气味便借助打蜂时的挥舞动作扩散到空气中，其他马蜂闻到这种气味后，即刻处于激怒的骚动状态，并能迅速而有效地组织攻击。

通过对马蜂释放的报警信息素的提取化验，已知道其主要成分属于醋酸戊酯，有香蕉油气味。因此，一旦被马蜂蜇后，可用 5% 的氨水或含碱性物质擦洗，有止痛消肿的作用，这是酸碱中和的结果。

（3）追踪信息素

一些过着有组织的社会性生活的昆虫，常分泌这种信息物质，借以指引同伴寻找食物或归巢。有一种火蚁，在它们外出时，不断用蜇针在地面上涂抹，遗留下有气味的痕迹，形成一条"信息走廊"。无论寻食或归巢便都沿着这条走廊往返通行，从无差错。

知识小链接

醋酸戊酯

醋酸戊酯又名乙酸戊酯、香蕉水，是酯的一种，是乙酸和 1-戊醇的酯化产物，常温下为无色透明液体，有水果香味，易燃，微溶于水，与乙醇、乙醚互溶。乙酸戊酯用作溶剂、稀释剂，制造香精、化妆品、人造革、胶卷、火药等。

蜜　蜂

蜜蜂外出采蜜时，当一只工蜂发现蜜源后，便在蜜源附近释放出追踪信息素，用来招引其他蜜蜂。即便是携蜜回巢后。仍可靠这种信息，往返于蜂巢与蜜源之间。据观察，这种信息可传递数百米远。已经查明蜜蜂释放的信息素的主要成分是柠檬醛和牻（máng）牛儿醇化学物质。

白蚁以木材为主要食料。当它们在寻找适合的木材和生活环境时，常是有秩序地成行结队按一定路线行进，人们称之为"蚁路"。蚁路是由工蚁腹部第五节的腹面分泌的"追踪信息素"涂抹成的长久不衰的信息路。

科学工作者曾做过这样的实验：将蚂蚁的追踪信息素涂在蚁洞外，可引诱一些蚂蚁出洞，涂抹的浓度高，它们便倾巢而出，甚至能将大腹便便的蚁后引出洞外。如果把这种化学物质在地上涂成个大圆圈，蚂蚁便沿着这个圆圈不停地转起来。

（4）聚集信息素（也叫集结信息素）

它的作用就像吹集合号一样。属于鞘翅目，小蠹科的小蠹虫，专门在长势较弱的树木皮下造成危害。当少数个体找到适合它们寄生的树木时，便从后肠释放出一种信息素，这种化学物质与寄主树的萜烯类化合物互相作用后，就能发出集合的信号，使远处分散的同类聚集飞来，集体取食危害。当所生存的寄主树木的营养降低，或条件变劣时，在原寄主上的小蠹成虫又开始分泌这种物质，意在告诉同伙，这里已不适宜生存了，该搬家了。于是它们能在很短的时间内，纷纷钻出树皮，成群结队飞迁到更适合的树林中去生活。

2. "舞蹈语言"　　蜜蜂往返花间，采集花粉归巢酿蜜，同时又为植物传粉作媒，使其结果传代，因而成为人类生活中的好帮手。

蜜蜂经过长期驯养，已成为蜂箱中的固定住户。它是怎样找到远处蜜源植物，又是如何判断蜜源的方向和距离的呢？过去人们对蜜蜂的这种生活本能了解得很少。直到 19 世纪 20 年代，奥地利的著名昆虫学家弗里希对蜜蜂的活动进行了细心的观察和研究后，才揭示了这一鲜为人知的秘密。原来蜜蜂除利用追踪信息素寻找蜜源外，还用一种特殊的"舞蹈语言"来传递信息。

蜜　蜂

　　在蜜蜂的社会生活中，工蜂担负着筑巢、采粉、酿蜜、育儿的繁重任务。大批工蜂出巢采蜜前先派出"侦察蜂"去寻找蜜源。侦察蜂找到距蜂箱 100 米以内的蜜源时，即回巢报信，除留有追踪信息外，还在蜂巢上交替性地向左或向右转着小圆圈，以"圆舞"的方式爬行。其他工蜂领略了侦察蜂的意图后，便跟随它到蜂箱四周去寻觅有香味的花朵。如果蜜源在距蜂箱百米以外，侦察蜂便改变舞姿，在蜂巢上先沿直线爬行，再向左、右呈弧状爬行，这样交错进行。直线爬行时，腹部向两边摆动，称为"摆尾舞"。如果将全部

蜜　蜂

爬行路线相连，很像个横写的"8"，即"∞"，所以也叫"8 字舞"。直线爬行的时间越长，表示距离蜜源越远。直线爬行持续 1 秒钟，表示距离蜜源约 500 米；持续 2 秒，则约 1 000 米。侦察蜂在做这种表演时，周围的工蜂会伸出头上的须须，争先与舞蹈者的身体碰撞，这也许是从它那里了解信息吧。

　　侦察蜂跳的"摆尾舞"，不但可以表示距离蜜源的远近，也起着指定方向的作用。蜜源的方向是靠跳"摆尾舞"时的中轴线在蜂巢中形成的角度来表

示的。如果蜜源的位置处在向着太阳的方向，便做出头向上的爬行动作；如果蜜源在太阳的相反方向，便做着头向下的爬行动作。为了适应太阳的相对位置与蜜源角度的不断变化，舞蹈时直线爬行的方向也要随时以向着太阳的逆时针方向转动的方法加以调整。太阳的方位角每小时变化15°，蜜蜂的直线方向也要相应逆时针转动15°。如遇阴雨天，利用舞蹈定位的方法就有点失灵。蜜蜂还会及时变换招数，依靠天空反射的偏振光束来确定方位，及时回巢。

人们也许要问，工蜂在黑洞洞的蜂箱里表演的各种舞蹈动作，其他同伙是怎样领会到的呢？原来它们是利用头上颤抖的触角抚摸工蜂身体，使"舞蹈语言"转换成"接触语言"而获得信息的。这种传递方法，有时也会失灵。为此它们还要利用翅的不断振动，发出不同频率的"嗡嗡"声，用来补充"舞蹈语言"的不足和加强语气的表达能力。

鳞翅目昆虫中的蝶类，也常以"舞蹈语言"来表达同种异性之间的情谊。雌、雄蝶自蛹中羽化出来后，便选择风和日丽、阳光明媚的天气，在林间旷野和百花丛中追逐嬉戏。它们时高时低，时远时近，形影不离地跳着"求爱舞蹈"，以表达各自的衷情。尽情飞舞后，便挑选将来"儿女"们喜爱的寄主植物停留下来，用触角互相抚摸。当雌虫接受求爱后，才开始"洞房花烛之欢"。雄蝶离去后，雌蝶方产下粒粒受精卵，达到传宗接代的目的。

四点斑蝶的求爱"舞蹈语言"更为奇特。当雄、雌个体性成熟后相互接近时，雄蝶便温情脉脉地扇动双翅，在雌蝶周围缓慢地作半圆圈飞舞，以示求爱。雄蝶飞舞几圈后，雌蝶便不停地摆动触角，以表示接受求爱。此时两者靠近，互相用足和触角去触碰对方的翅缘，然后才安静下

蜂王　　　　雄蜂　　　　工蜂

蜜蜂的种类

来，共享欢乐。

雌雄软尾凤蝶，可以说是天生一对、地成一双。雄蝶体色素雅，白衣白裙，衬有黑、红花斑；雌蝶体色浓艳绚丽，黑衣褐裙，镶嵌红色花边。自蛹中羽化为蝶后，它们情投意合，形影不离，流连于花间，用"舞蹈语言"互相倾诉柔情。传说中梁山伯与祝英台所化之蝶，就是美丽的软尾凤蝶。

3. "灯语"　以灯光代替语言传达信息，在人类生活中早已有之。特别是指挥交通的各种灯光信号，保障了交通安全。就连儿童都知道："绿灯走，红灯停，要是黄灯等一等。"

萤火虫

其实，早在人类发明灯语之前，身体渺小的昆虫就已经巧妙地利用灯语进行通讯联络了。

夏日黄昏，山涧草丛，灌木林间，常见有一盏盏悬挂在空中的小灯，像是与繁星争辉，又像是对对情侣提灯夜游。如果你用小网，把"小灯"罩住，便会看到它是一种身披硬壳的小甲虫。由于它的腹部末端能发出点点荧光，人们便给它起了个形象的名字——萤火虫。

萤火虫在昆虫大家族中属于鞘翅目萤科。它们的远房或近亲约有 2 000 种。

萤火虫是一种神奇而又美丽的昆虫，修长略扁的身体上带有蓝绿色光泽，头上一对带有小齿的触须分为 11 个小节，有 3 对纤细、善于爬行的足。雄的翅鞘发达，后翅像把扇面，平时折叠在前翅下，只有飞翔时才伸展开；雌的翅短或无翅。

萤火虫的一生，经过卵、幼虫、蛹、成虫四个完全不同的虫态，属完全变态类昆虫。

萤火虫怎样发光？发光的用意是什么？这些都是青少年朋友们感兴趣的问题。萤火虫的发光器官，生长在腹部的第六节和第七节之间，从外表看只是层银灰色的透明薄膜，如果把这层薄膜揭开在放大镜下观察，便可见到数以千计的发光细胞，再下面是反光层，在发光细胞周围密布着小气管和密密麻麻的纤细神经分支。发光细胞中的主要物质是荧光素和荧光

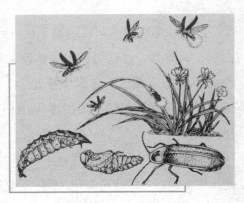

萤火虫的一生图示

酶。当萤火虫开始活动时，呼吸加快，体内吸进大量氧气，氧气通过小气管进入发光细胞，荧光素在细胞内与起着催化剂作用的荧光酶互相作用时，荧光素就会活化，产生生物氧化反应，导致萤火虫的腹下发出碧莹莹的光亮来。又由于萤火虫不同的呼吸节律，便形成时明时暗的"闪光信号"。人们经过研究，把其发光的过程列成简单的公式：

$$荧光素 + 氧气 \xrightarrow{荧光酶作用} 发出荧光$$

拓展阅读

三磷酸腺苷

三磷酸腺苷（ATP）是以次黄嘌呤核苷酸为底物，经生物发酵获得的高能化合物。三磷酸腺苷是体内组织细胞一切生命活动所需能量的直接来源，被誉为细胞内能量的"分子货币"，储存和传递化学能，蛋白质、脂肪、糖和核苷酸的合成都需它参与，可促使机体各种细胞的修复和再生，增强细胞代谢活性。

萤火虫体内的荧光素并不是用之不竭的，那么它们不间断地多次发光，能量又是从何而来的呢？原来能量来自三磷酸腺苷（简称ATP），它是一切生物体内供应能源的物质。萤

火虫体内有了这种能源，不但能不间断地发光，而且亮度也较强。只有发光结构还不能发光，还要有脑神经系统调节支配。如果做个实验，将萤火虫的头部切除，发光的机制也就失去作用。萤火虫发光的效率非常高，几乎能将化学能全部转化为可见光，为现代电光源效率的几倍到几十倍。由于光源来自体内的化学物质，因此，萤火虫发出来的光虽亮但没有热量，人们称这种光为"冷光"。

不同种类的萤火虫，闪光的节律变化并不完全一样。美国有一种萤火虫，雄虫先有节律地发出闪光来，雌虫见到这种光信号后，再准确地闪光两秒钟，雄虫看到该种光信号，就会靠近之而结为情侣。人们曾实验，在雌虫发光结束时，用人工发出两秒钟的闪光，雄虫也会被引诱过来。另有一种萤火虫，雌虫能以准确的时间间隔，发出"亮——灭，亮——灭"

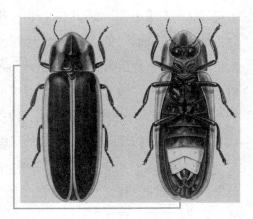

萤火虫

的信号来；雄虫收到用灯语表达的"悄悄话"后，立刻发出相同的灯语作为回答。信息一经沟通，它们便飞到一起共度良宵。

另一种萤火虫，雄虫之间为争夺伴侣，进行一场激烈的竞争。它们还能发出模仿雌虫的假信号，把别的雄虫引开，好独占"娇娘"。

萤火虫能用灯语对讲的秘密，最早是由美国佛罗里达大学的动物学家劳德埃博士发现的。他用了整整18年的时间研究萤火虫的发光现象，可见揭开一项前人未知的奥秘并非易事。

"囊萤夜读"的故事，已载入教科书中。说的是有位叫作车胤（yìn）的穷孩子，读书很刻苦，就连夜晚的时间也不肯白白放过，可是又买不起点灯照明的油，他就捉来一些萤火虫，装在能透光的纱布袋中，用来照明读书，最后终于成为有名的学者。这也算是萤火虫的一种实用价值吧。

在非洲也有萤火虫为人利用的记载。非洲有种萤火虫，个体大，发的光也亮，当地人捉来装入小笼，再把小笼固定在脚上，走夜路时可以照明。

我国古书《古今秘苑》中有这样的记载："取羊膀胱吹胀晒干，入萤百余枚，系于罾（zēng）足网底，群鱼不拘大小，各奔其光，聚而不动，捕之必多。"

除萤火虫外，还有许多昆虫，它们只有在夕阳西下、夜幕降临后才飞行于花间，一面采蜜，一面为植物授粉。漆黑的夜晚，它们能顺利地找到花朵，这也是"闪光语言"的功劳。夜行昆虫在空中飞翔时，由于翅膀的振动，不断与空气摩擦，产生热能，发出紫外光来向花朵"问路"，花朵因紫外光的照射，激起暗淡的"夜光"回波，发出热情的邀请。昆虫身上的特殊构造接收到花朵"夜光"的回波，就会顺波飞去，为花传粉作媒，使其结果、传宗接代。这样，昆虫的灯语也为大自然的繁荣作出了贡献。

4. **声音通讯**　昆虫虽然不能用嘴发出声音来，却可以充分运用身体各种能发声的器官来弥补这一不足。昆虫虽无镶有耳轮的两只耳朵，但它们有着极为敏感的听觉器官（如听觉毛、江氏听器、鼓膜听器等）。昆虫的特殊发音器官与听觉器官密切配合，就形成了传递同种之间各种"代号"的声音通讯系统。

我国劳动人民早已对不同种类昆虫声音通讯的发声机理和部位有所认识。我国古籍《草木疏》上说："蝗类青色，长角长股，股鸣者也。"《埤雅》上说："苍蝇声雄壮，青蝇声清聒，其音皆在翼。"这已明确地

蝗虫

将不同昆虫的"声语"分为摩擦发声和振动发声。

东亚飞蝗属于直翅目蝗科，是农业的一大害虫。成群结队的飞蝗能将庄稼吞食一空，造成饥荒，因而有"一年蝗，十年荒"的说法。我国中原一带也把"水、旱、蝗"三大灾害相提并论。

蝗虫为什么能成群结队迁徙，有时停留暴食一场，有时落地停息却都不张口吃上一嘴，又骤然起飞远离呢？形成这种现象的原因，虽多在体内生理机制变化方面，但蝗虫的"声音讯号"也起着极为重要的作用。

蝗　虫

东亚飞蝗的发声，是用复翅（前翅）上的音齿和后腿上的刮器互相摩擦所致。音齿长约 1 厘米，共有约 300 个锯齿形的小齿，生在后腿上的刮器齿则很少，但比较粗大。要发声时，先用 4 条腿将身体支撑起来，摆出发音的姿势，再把复翅伸开，弯曲粗大的后腿同时举起与复翅靠拢，上下有节奏地抖动着，使后腿上的刮器与复翅上的音齿相互击擦，引起复翅振动，从而发出"嚓啦、嚓啦"的响声。

摩擦发出的声音大多是由 20～30 个音节组成，每个音节又由 80～100 个小音节组成，发出来的声音频率多在 500～1 000 赫兹之间，不同的音节代表着不同的信息。因此，音节的变换在昆虫之间的声音通讯联络中有着重要作用。

基本小知识

音　节

音节是听觉能感受到的最自然的语音单位，由一个或几个音素按一定规律组合而成。汉语中一个汉字就是一个音节，每个音节由声母、韵母和声调三个部分组成；英语中一个元音音素可构成一个音节，一个元音音素和一个或几个辅音音素结合也可以构成一个音节。

蝗群暴食时，个个都只大口咀嚼植物叶片，从不发声，像有点"做贼心虚"。要结队起飞前，先由"头蝗"发出轻微的擦击声，周围的蝗虫也跟着遥相呼应，声音越来越大，随之双翅抖动，噗噗之声顿时传遍四面八方，像是发出了起飞号令，于是千万只飞蝗倏忽飞起，转眼之间便形影皆无。

据报道，家蝇翅的振动声音频率为 147～200 赫兹。国内有人研究过8 种蚊虫的翅振频率，不同种类、不同性别均不相同。8 种蚊虫的翅振声频可达 433～572 赫兹，而且雄性明显高于雌性。农民有句谚语"叫得响的蚊子不叮人"，就是这个道理，因为雄蚊是不叮人的。

家　蝇

人们耳朵听得到的声音频率在 20～2 000 赫兹之间。有些昆虫翅膀振动的频率不在这个范围以内，人们就只能看见它们的翅膀在振动，听不见它们的"电传密码"，不能成为它们的"知音"。

前面说的只是昆虫"声语发报机"的结构及其作用。那么昆虫的"收音机"又是什么样子呢？昆虫接受声音的器官，叫听觉感受器，不同种类昆虫的听觉器官各有千秋，其生长部位也不是千篇一律。有些昆虫身上的毛有听觉功能，这种毛不但比一般毛长，而且还会左右摆动。

知识小链接

催化剂

催化剂又称触媒，是参与化学反应而不会在反应过程中发生质量变化或化学性质变化的物质，作用是改变化学反应的速率。催化剂会诱导化学反应发生改变，而使化学反应变快或者在较低的温度环境下进行化学反应。催化剂加速反应过程一般具有两种途径：一种是增加反应物的活性中心；另一种是改变反应途径。

👁 昆虫与植物的关系

在地球上，动物与植物之间有着极其密切的联系，而昆虫，作为动物的一个古老物种，更是不例外。早在地球远古的泥盆纪时期，昆虫就开始大量迁移到更加适于它们生活的陆地上，因为以陆地做为栖息场所可供选择的环境更为广泛，动植物种类繁多，食物丰富。而大多数昆虫主要是以采食植物为生的。正是因为昆虫与植物之间这种从古至今的不解之缘，才逐渐形成了一种昆虫与植物相互作用的特殊生存形式。动物和植物就这样在相互作用的过程中，共同进化了4亿多年。

知识小链接

泥盆纪

　　泥盆纪从距今4亿年前开始，延续了4 000万年之久，是晚古生代的第一个纪。从泥盆纪开始，地球开始发生了海西运动，因此泥盆纪时许多地区升起，露出海面成为陆地，古地理面貌与早古生代相比有很大的变化。在泥盆纪里蕨类植物繁盛，昆虫和两栖类兴起，脊椎动物进入飞跃发展时期，鱼形动物数量和种类增多，现代鱼类——硬骨鱼开始发展，因此泥盆纪常被称为"鱼类时代"。

👉◎ 一对"老冤家"

昆虫以采食植物为生，而植物在不断进化过程中，不断地生成化学保护物质来抵御昆虫的侵食。也就是说，昆虫虽然是占主动地位的能够以行动来对植物形成一种威胁，而植物在漫长的进化的历史中也慢慢了解了昆虫这个天敌的习性和特点，于是所有的植物为了更好地生存和发展、与昆虫一争高下，也通过进化具有了一种被科学家们称作"次生植物化合物"的化学物质。

蝗虫生活在草丛中

可别小看比昆虫还要显得脆弱、无力，而且也无法采取主动攻击或是防备的植物，它们身上不断散发出来的这种化学物质对别的生物也许无所谓，对它的天敌昆虫可是影响巨大啊。它的气味和产生的化学性是最让昆虫反感的，所以一旦昆虫想要占据一株植物，对它大吃大嚼时，植物就会及时放出这种化学物质，昆虫只好转身就逃，这样也就大大减少了植物的病虫害。怎么样，默默无闻的植物们还是很不好惹的吧?

蜜蜂在花中飞舞

不过随着植物不断形成化学物质保护自己，昆虫界也在及时想着自己的对策呢。它们同样针对植物特有的这种化学物质干扰，在自己身体内进化出了某种生化机理，可以很好地抵御住这种次生植物的化学产物。于是，那些进化出了这种有效的生化器官的昆虫种类就可以独享这些植物了，对还未能拥有这种机理的昆虫而言就意味着食物来源的减少。这就是昆虫与植物、昆虫与昆虫之间的无声而残酷的生存竞争。昆虫与植物之间不断地在为着自身的利益进行着竞争，同时也促进了昆虫与植物的进化过程。

◎ 谁也离不开谁

　　动物与植物之间存在着难解难分的相互关系，有些植物为保护自己会分泌出一种有毒物质，而一些昆虫却利用这些物质来保护自己。它们从植物体内吸取某种物质之后，会呈现出颜色鲜艳的体纹，这在动物学研究上被称作"警戒色"，是动物为了保护自己而逐渐进化成功的。昆虫与植

植物根部是昆虫栖息地

物之间既联系又对立的特殊性，使它们各自在生存和进化方面反而更加活跃，导致了它们各自特化机体的大量产生。受不得不紧密相依的共同生活环境限制，昆虫的幼虫们大多喜欢选择植物的巨大叶片或是根部来作为最好的隐蔽栖息地。昆虫的幼虫在它们的"对手"植物上寄生的原因最重要的就是，在幼虫时期与成虫时期，昆虫们都可以在身体里慢慢收集和储存起一定量的该特定植物散发出的"次生植物化合物"，经过了一系列的适应阶段，昆虫已经可以把原本对它们来说是有毒的物质反过来用于保护自己，它们不但不会再怕植物的这种物质，而且还能利用自身储存的这种有毒物质向不具有这种免疫力的其他昆虫或是动物发起攻击。

◎ 共　存

　　昆虫与植物两大世界的相争可能永远都存在着，然而它们的生活其实又根本无法缺少对方的参与。昆虫需要大量的植物不断生长以供给它们一代又一代的食物来源；而很多植物也是靠着寄生于它们身体上，或是与其有着共生关系的昆虫才能更好地生长和发展的。也就是说，有些时候，昆虫与植物必须互相依附才能使双方都受益。比方说，植物虽然倍受昆虫的侵扰，

植物受益于昆虫授粉

但也会受益于昆虫。蜜蜂、蝴蝶这种昆虫，就是积极帮助植物授粉的"好帮手"，没有它们，许多植物在地球上的生长和繁殖都会受到很大的影响。昆虫帮助植物可以结果生籽，繁衍生长；同时，昆虫自己才会有充足而源源不断的食物来源。

又比如，很多植物都是在无偿地给大量小昆虫提供各种各样的藏身之所。说是无偿的，其实植物在这种紧密相关的共存环境和生活中，也得到了很多的好处呢，所以它们当然心甘情愿。有一种叫作裁缝蚁的昆虫就能够充分利用从其幼虫身体吐出的丝把一些树叶都缝起来，做为小宝宝安全而舒适的窝。这种做法虽然看起来是昆虫在利用植物，使树叶的有效性降低；其实从另一个角度来说，这种植物的树叶也因此得以保存下来，而不至于被别的动物吃掉。这就是植物与昆虫相互关系中互相依存、合作的一面。

在另一个例子里，一些属于金合欢属的树种对某些昆虫的帮助更大，因为它们恰好能够为蚂蚁一类的巢居昆虫提供非常适合的空心结构，这种植物被称为"适蚁植物"是再合适不过的了。蚂蚁与这种适蚁植物的关系再也不是对立和互相排斥的，而是达成一定的默契，互相帮助，共同

蜜蜂既采蜜也授粉

生存。适蚁植物主动为蚂蚁准备定居所，还用它们叶子中一种特殊的花蜜分泌腺以及植株上生产的食物来供给蚂蚁家族。在这种特别照顾的生存关系中，蚂蚁的身躯慢慢会长得突出的大，而且它们体内聚集了由植物通过花蜜等食物提供的有毒物质，也就拥有了一项更强的"秘密武器"，那便是有毒化学物质。这些蚂蚁一般都具有凶猛的螫刺，而且进化成了食肉型昆虫，它们常常会为了保护自己筑巢地的植物而主动出击，给那些想侵袭和占有它们巢穴所在的植物以及把它当作食物的食草动物们以猛烈的攻击。

◎ 动态的平衡

　　讲到这里，你可能再也不会说昆虫是植物的天敌，或是昆虫与昆虫是绝对的竞争者这样的话了吧？其实在整个自然界，动物、植物以及动物之间的相互关系都不是简单的对立或联合的，它们就是在这种互相共存、又互相影响的状态下共同生存和发展的，哪一方太强或者太弱，对整个生物圈来说都是不利的。也就是说，缺少了动物或是植物的任一方，对它们来说都将是一场毁灭性的打击。这就是为什么现代人类开始大规模地对各类快要灭绝的动、植物进行

植物与昆虫存在动态平衡

最大限度的保护，而且人们需要时刻控制那些生殖能力过强的昆虫种群。比如农民与蝗虫、蚜虫等害虫长期的斗争，这些人为的行动就是要努力保持我们地球的生态平衡，让动物、植物以及特殊的人类社会都有各自存在与发展的机会和空间。

人类与昆虫的关系

　　最后来说说昆虫与人类这两大类群的相互关系。因为人类是一个极为特殊的群体，属于动物而智力与精力又远远要高于动物；昆虫这一群体也有它们的特殊性，它们身体微小，可是却无处不在地繁殖和生存着。在地球上几乎所有的栖息地中，只要人类能生存的地方，就必定会有昆虫的存在，从这一点就可以看出小小的昆虫与大大的人类之间那种无形中形成的紧密联系了。

◎ 争夺口粮

　　昆虫与人类最大的矛盾就在于大多数昆虫属于食草型动物这一点上。人类需要供养大量的、不断增长的人群，也就必须要大面积地开发和种植庄稼，这样一来，庄稼就成为某一部分昆虫最佳的食物来源。其实昆虫的活动和存在对人类的影响还远远不只限于对庄稼的破坏，例如某些昆虫经过进化以后，常常会大量进食树木，制造木屑。于是，不论是森林中已经枯死腐败的树木，还是对于那些人类大量种植和收集起来的良种木材，都成为了这类昆虫疯狂蛀蚀的目标。昆虫的这种特殊习性无形中便给人类社会造成巨大的经济损失。那些被称为"害虫"的昆虫也都是相对于它们与人类的相互关系而提到的，比如喜欢争食人类大

甲虫噬食庄稼

片的谷物和小麦的甲虫，喜欢成群结伙地蛀食人类的木制家具或房屋、桥梁的皮蠹虫、白蚁等昆虫。它们的危害性并非在它们个体上，而是体现在它们

集合成群体的强大破坏作用。要知道，从另一方面来说，这些喜欢蛀蚀木材、制造木屑的昆虫们都是自然界分解腐败物质的行家呢！它们能够及时地清除枯败树木，还有助于各种死去的动物尸体的分解，给予植物以养分，所以自然界又少不了这样的昆虫。可以说，我们需要控制好这类"害虫"生存的一定数量，不要让它们过多地繁殖，更不能以一

拓展阅读

生物圈

生物圈是指地球上所有生态系的统合整体，是一个封闭且能自我调控的系统，其范围大约为海平面上下垂直约10千米。从地质学的广义角度上来看，生物圈是结合所有生物以及它们之间的关系的全球性的生态系统，包括生物与岩石圈、水圈和空气的相互作用。

味地制造新的农药等方式去灭绝它们，因为这会使昆虫的适应农药能力更强。自然界以及人与昆虫所形成的这一个小小生物群落必然会有它自己的调整，只要努力保持好这个群落的生态平衡，昆虫与人类的关系就会友好得多。

白蚁是蛀食树木的"好手"

◎ 吸食血液

还有一类与我们更加息息相关的"害虫"，它们竟然要把人类当作自己的

食物来源。小小的昆虫怎么能"吃"人类这样的"庞然大物"呢？原来，它们不是像食肉动物那样大口地吃肉，它们对人类的危害方式主要就是吸食人或者牲畜的血液，还可以在人体和动物之间传播大量的疾病。我们城市里最常见的这类害虫就是苍蝇和蚊子。夏天夜晚，成群的蚊子都会趁着黑夜，集体向在室外乘凉的人们发起进攻；最可怕的是，如果咬你的蚊子中有一只刚刚吸食过一个传染病病人血液的话，那么传染病病毒就有可能会随沾在蚊子口器上的血液传染到你的血液中去。在美洲热带地区的一些昆虫嗜血性更强，那里的蚊、蝇等昆虫的体积也特别大，还有蚋、臭虫、虱子和跳蚤等，它们都是通过尖而细的针状口器来刺入人体或牛、马等动物的体内吸食血液的。可别小看这些小动物们，当它们成群结队地围攻一个人或一匹马时，在几分钟之内就可能让这个庞大的动物招架不住，满身是肿起的包呢！美洲有一种叫作"人肤蝇"的昆虫，它们可以直接在人身上产卵并留在人体皮肤表层。当这些肉眼看不见

蚋

拓展阅读

疟 疾

疟疾是一种由疟原虫造成的、通过疟蚊传播的全球性急性寄生虫传染病。儿童、孕妇、旅游者和各地的新移民对本地流行的疟原虫免疫力较差，故是易患疟疾的高危人群。疟疾主要的流行地区是非洲中部、南亚、东南亚及南美北部的热带地区，这其中又以非洲的疫情最甚。就中国而言，疟疾主要的流行地带为华中、华南的丛林多山地区，但疫情远较非洲为轻。

的卵孵化成功后，就以幼虫的形态很轻易地钻入人的皮肤里，并以大量吸食人的体液为生。吸血性的昆虫能在动物和人体之间传播包括黄热病、疟疾、伤寒和病毒性脑炎、传染性斑疹等多种可怕疾病，严重的时候很可能会造成某个地区人群的集体性传染病流行以及大批牲畜的死亡。

◎ 人类的好朋友

　　生活方式多种多样的昆虫种群中，不仅存在着对人类产生极大危害、永远与人类站在对立面的"害虫"，也同样有很多可以被人类利用、为人类产生巨大经济价值和益处的"益虫"。比如说，那些以捕食别的昆虫为生的捕食类昆虫们就常常会成为农民的好帮手，因为它们是许多破坏和偷吃农作物的昆虫们的天敌，这些捕食类昆虫与人类的关系自然就是和平共处的，而相对于"害虫"来说，它们就算是人类的"益虫"了。最受人类欢迎的"益虫"要算是蜜蜂家族了，因为蜜蜂能充分地为人类所利用，给我们带来

农业是人类的生存之本，
也是众多昆虫觊觎的对象

许多有价值的产品。比如说有益人体健康的蜂蜜和蜂巢，它们可以被大量提炼加工成糖；蜜蜂产生出的一种蜂蜡可以制造出高品质的蜡烛，它还被制成最好的家具抛光剂呢！蜜蜂所产出的蜂蜜和蜂蜡，其实是它们生活习性所带来的结果，它们并不是为了人类所需才去花丛中到处采蜜和酿蜜的。蜜蜂的重大经济作用是靠着人类的集中、大批量养殖和生产才实现的。例如，现在医学上越来越受到重视和提倡的蜂王浆产品，这种王浆本来是专门给刚出生的幼蜂们提供的最有营养的食物，在幼蜂向成蜂的发育阶段起着非常重要的作用。而这种王浆只能从工蜂的口器周围分泌出，数量十分

有限。人类发现了这种王浆的存在，知道它的重要营养价值，于是集中、大量地养蜂和育蜂，形成规模，通过人为手段的干预，保持蜜蜂群体内天然的繁殖和养育过程，将收集到的王浆大批量运用，形成产品流水线，又不破坏王浆天然形成的营养结构和还不为人所知的重要成分。

◎ 和谐相处

人们对一些身体上有特殊物质的昆虫可以直接培养和利用，比如在化学合成油漆还未被发明之前，工人师傅们就利用一种身体上有树脂保护鳞片的雌性印度紫胶虫，把它们大量收集起来，捣碎制成天然的虫漆，这种制作简便、用料来源广泛的虫漆可以涂刷在各种物品和家具上，使之发出透亮而自然的光泽。还有一种生活在墨西哥地区、靠食用仙人掌为生的介壳

昆虫与人类都需要良好的生态环境

虫，也因为其体内的特殊化学物质而被人们收集，成功提炼出红色的食物着色剂以及制作红色胭脂的主要原料。

昆虫对人类的影响有正面的，也有负面的；同样，人类对昆虫的生存和发展也是有着各种正面或负面的影响。由此看来，昆虫与人类的关系是既对立，又相互共生、不可缺少的，甚至可以成为彼此有益的补充。

昆虫趣闻奇事

　　大自然奇幻无比，在昆虫这一庞大的家族中更是有许许多多的有趣成员。读了它们的趣闻后，你会惊叹不已。比如，小小白蚁竟然可以影响全球气候，可爱的蝴蝶会"吃人"，有些昆虫的性别可以改变，虫子可以变成"草"……这些让我们瞠目结舌的奇事背后到底隐藏着什么玄机？

　　昆虫种类虽然繁多，但如果我们对昆虫进行认真而深入的观察研究，却可以发现各种昆虫均有它们各自的生存之道，否则在历史的长河中早就被淘汰了。它们与相关的植物或动物之间有着密不可分的关系，这种关系是昆虫在漫长的进化过程中，与大自然或与其他生物相互适应的结果。

◆ 昆虫之最

世界上身体最长的昆虫，应属于产在马来群岛婆罗洲的雌性竹节虫了。

它的体长足有 33 厘米，如果加上触角和伸展开的前足、后足，其长度可达 40 厘米。产于我国广西的竹节虫，体长也达 24 厘米。

鳞翅目中体型最大的蛾类，应属乌桕大蚕蛾，双翅展开时宽可达 22 厘米。乌桕大蚕蛾不但体型大，由于满身披挂橘黄色的鳞毛，镶嵌着纵横交错的黄白色花斑，翅上布满五彩缤纷的鳞片，把近似三角形的透明窗斑拥簇于中央，显得那么端庄俏丽，算

竹节虫

得上蛾中之王了，故有"凤凰蛾"之称。

生活在印尼巴布亚新几内亚岛的亚历山大鸟翼皇（也叫德拉女王翼蝶）蝴蝶，展开双翅可达 28 厘米，可称蝶中之最了。

鞘翅目中最为壮观的应属阳彩臂金龟了，它不但体色鲜艳，光彩闪烁，更有可称一最的长臂（前足），足有 70 毫米，远远超过它的体长。同属于鞘翅目的赫氏大颚甲可称最的

乌桕大蚕蛾

不是前足，而是雄虫的上颚，其长度可超过胸腹之和，足有60毫米，因而它被人们取名为：赫氏大颚甲。

知识小链接

弹尾目

弹尾目，通称跳虫目或弹尾虫，属于内口纲的小型节肢动物，以往曾被列入昆虫纲的无翅亚纲，现在通常与另外两个原本属于昆虫纲的原尾目及双尾目合并为内口纲。而内口纲虽然与昆虫类似，但不再列入昆虫类。弹尾目动物无翅，长在5毫米以下；善于跳跃，分布很广；常生活在潮湿处，如落叶下、石下、青苔间、地面、水边或积水地面上、腐殖土中、蚁与白蚁巢穴中，雪地上也有发现；以腐殖质、菌类、地衣为主要食物，有些种类危害活的植物的种子、根茎、嫩叶，被认为是农作物及园艺作物的害虫。

拓展阅读

竹节虫

竹节虫，是节肢动物门昆虫纲竹节虫目的总称，以善于拟态成树枝或树叶著称。体型修长，呈圆筒形、棒状或枝状；少数种类扁平如叶。复眼发达，单眼通常退化。翅膀通常退化；如有翅膀，前翅通常小于后翅。不完全变态，陆栖，多数分布于热带。以植物为食。竹节虫目包括了全世界最长的昆虫——尖刺足刺竹节虫，体长（含脚）可达55.5厘米。竹节虫与螳螂有近亲关系。

大与小是相对而言，那么昆虫中体型最小的种类是哪些呢？

无翅亚纲中体型最小的应属于弹尾目中的跳虫了。跳虫中有些种类体长还不到2毫米，这与它们的生活习性及栖息场所有着密切的关系，因为有些种类终生和蚂蚁、白蚁同巢共居，这种"寄人篱下"偷吃残食的生活方式，只能以体小的优势才能生存下来。

鞭 毛

鞭毛是很多单细胞生物和一些多细胞生物细胞表面像鞭子一样的细胞器，用于运动及其他一些功能。在三个域中，鞭毛的结构各不相同。细菌的鞭毛是螺旋状的纤维，像螺钉一样旋转。古菌的鞭毛表面上和细菌的类似，但很多细节不同，和细菌的鞭毛可能也不是同源的。真核生物，比如动物、植物、原生生物细胞的鞭毛是细胞表面结构复杂的突出物，可以像鞭子一样来回抽打。

在有翅亚纲昆虫中，体型最小的要属膜翅目寄生蜂类中的茧蜂、姬蜂和小蜂科的一些种类了。因为它们是把卵粒产在其他昆虫的卵、幼虫和蛹体内，而且以寄主体内的组织维持生活，完成一生中的不同发育阶段。从它们终生食物的来源看，它们的身体有多小就可想而知了。更值得一提的是，有些寄生蜂的卵在产入寄主体内后的发育过程中，可分裂成许多个胚胎，发育成多个个体，这种生育方法，称为多胚生殖。一般一粒昆虫卵的直径最大也只近 1 毫米，卵中再分裂为许多个体，那么它们的体长只能用微米计算了。

白蚁与地球升温

科学家们发现，白蚁对地球温度的逐渐升高起了推波助澜的作用。这种结论并不夸张，因为这与白蚁的生活习性以及所取食的物质有密切关系。白蚁是以木材、杂草、菌类为食。木材及草类组织中含有大量的纤维

白 蚁

素，白蚁在消化纤维素的过程中是依靠肠内的原生动物——鞭毛虫的作用，这些鞭毛虫能分泌纤维素酶和纤维二糖酶，把白蚁吃到肠胃中的木质纤维分解成葡萄糖及其他产物；就在这种分解与消化过程中，同时也会产生出大量的甲烷气体排出体外。

为了证明白蚁所排出的含甲烷气体究竟有多大量，美国大气研究中心专家捷姆曼做了一个实验。他将不漏气的胶袋套在白蚁巢穴的顶部，收集巢中冒出来的甲烷，以此计算出一只白蚁年排放的甲烷量。

他由此估算出，全球约有 10 亿吨白蚁，年排放到大气中的甲烷可多达 1 亿多吨，相当于全球释放到大气中甲烷总量的50%。因此，可以认为，白蚁释放到大气中的甲烷是引起温室效应、使全球气温升高的重要因素之一。

拓展阅读

纤维素

纤维素是自然界中分布最广、含量最多的一种多糖。无论一年生或多年生植物，尤其是各种木材都含布大量的纤维素。自然界中，植物体内约有 50% 的碳以纤维素的形式存在。棉花、亚麻、苎麻和黄麻都含有大量优质的纤维素。棉花中的纤维素含量最高，达 90% 以上。木材中的纤维素则常与半纤维素和木质素共同存在。

基本小知识

葡萄糖

葡萄糖又称为玉米葡糖、玉蜀黍糖，甚至简称为葡糖，是自然界分布最广且最为重要的一种单糖。纯净的葡萄糖为无色晶体，有甜味但甜味不如蔗糖，宜溶于水，微溶于乙醇，不溶于乙醚。葡萄糖在生物学领域具有重要地位，是活细胞的能量来源和新陈代谢中间产物。植物可通过光合作用产生葡萄糖。

昆虫与食物链

20 世纪 50 年代，在我国，麻雀被列为要消灭的四害之一。但经过调查研究证明，麻雀被大批除掉后，虫鸟之间就会失去生态平衡，使害虫猖獗，造成农业减产。从生态学角度来看，这是由于生物间食物链遭受破坏所致。在论述这个问题时，达尔文等人的一个著名关系式"猫→田鼠→三叶草→牛"便是生物链中生物的真实写照。

你知道吗

什么是生态学?

生态学，是德国生物学家恩斯特·海克尔于 1869 年定义的一个概念：生态学是研究生物体与其周围环境（包括非生物环境和生物环境）相互关系的科学。目前已经发展为"研究生物与其环境之间的相互关系的科学"，有自己的研究对象、任务和方法的比较完整和独立的学科。它们的研究方法经过描述——实验——物质定量三个过程。系统论、控制论、信息论的概念和方法的引入，促进了生态学理论的发展。

食物营养联系

是自然生物物质循环的基础，是一种普遍存在的自然现象。一般来说食物链是先从植物开始，其次是植食性动物（主要是昆虫），紧接着是与植食性动物有关的寄生性和捕食性动物，接下去是肉食性小动物，最后是大型肉食动物。例如，水稻遭受螟虫、蝽象、甲虫等多种昆虫危害，而这些害虫又

昆虫与食物链图示

被寄生蜂、螳螂、草蛉等天敌寄生或捕食，食虫鸟、兽又是这些天敌昆虫的劲敌，而食虫鸟又被大型肉食性鹰隼所猎捕。这样就构成了从水稻到大型肉食性动物间的食物链。

食物链

　　食物链，是表示物种之间的食物组成关系，在生态学中能代表物质和能量在物种之间转移流动的情况。生态系统中的生物种类众多，它们在生态系统中分别扮演着不同的角色，根据它们在能量和物质中所引起的作用，可以被分类为生产者、消费者和分解者三个类别。最底层是"生产者"，是凭借阳光进行光合作用，利用水和二氧化碳等无机物合成有机物的绿色植物；再上层是各级"消费者"，要依赖生产者供应物质和能量；当消费者死亡以后，"分解者"会以它们的尸体为食物。

食物链相依的环节可多达 5 个以上，多个食物链组成错综复杂的食物网。如果食物链中的某一环节发生了变化，或插入了新的环节，这样就会影响食物链中生物的数量，进而导致生态平衡失调。

蝴蝶食人真与假

20世纪80年代有这样一篇报道，"在巴西布尼得斯市远郊的深山里，有一群美丽多姿而专以食肉为生的蝴蝶。它们经常联群出动，专向牛、羊甚至人类下手。它们在动物身上咬出一个又一个小洞，从小洞里吃肉。它们的食

蝴 蝶

量并不大，但数百只蝴蝶，每只吃上两三口，加上唾液中的毒素，便将猎物置于死地。"看起来这篇报道既新奇又有趣，且地点也很具体，应信以为真。但句里行间又有不可信之处，因为按一般常识，鳞翅目中的蝴蝶无论是成虫还是幼虫多为植食性（成虫吮吸花蜜），有小部分种类吮吸腐殖物。更为不可信的是，既然说美丽多姿，想必指的是会飞的成虫——蝴蝶，而蝴蝶的口器构造，是由头前面的一对退化了的大颚演变为许多节中间空的管子，各节管子间由有弹性的薄膜连接着，形状很像一根中间空而有弹性的钟表发条，用时伸开，不用时就卷起来，吃东西时是靠惯性将汁液虹吸到胃中；既然蝴蝶没有可用来咀嚼食物的牙齿，就不会"在动物身上咬出一个又一个小洞"，更不可能"从小洞里吃肉"。因此，这篇报道无科学性，因而难以使人相信。推测其原因有二：一是观察失误，将其他昆虫误认为蝴蝶；二是猎奇，错把取食方法描写得神奇莫测。从对这则报道的分析可以看出，掌握一定的昆虫学知识，对我们判断是非是很有帮助的。

▶ 昆虫性变之谜

昆虫不但在生育上有着孤雌生殖、多胚生殖等现象，而且个体性别也可互相转化，甚至还有雄雌同体个体的存在；身体发育不全，半边完整、半边残缺（俗称为阴阳虫）的个体也可常见。

基本小知识

柑　橘

柑橘，常绿小乔木或灌木，高约2米。小枝较细弱，无毛，通常有刺。叶长卵状披针形，长4~8厘米。花黄白色，单生或簇生叶腋。果扁球形，径5~7厘米，橙黄色或橙红色，果皮薄易剥离。春季开花，10~12月果熟。性喜温暖湿润气候，耐寒性较柚、酸橙、甜橙稍强。柑橘属芸香科柑橘亚科，是热带、亚热带常绿果树，用作经济栽培的有3个属：枳属、柑橘属和金柑属。我国和世界其他国家栽培的柑橘主要是柑橘属。

危害柑橘的吹绵蚧壳虫，雌虫终生无翅，只靠插入枝干中的口器吸吮汁液维持生计，到发育成熟期时，只好等待有翅成雄虫找上门来婚配，如难遇佳婿（雄虫数量少、寿命短），却能自行受精产卵。这种现象在昆虫学上称为雌雄同体。因为这类昆虫的体内同时具有两套生殖系统，在不同条件下可施行不同机制。

德利蜂和黄泥蜂的幼虫发育阶段，如果被捻翅虫（雄虫前翅退化成平衡棒，后翅发达，雌性终生无翅，营寄生生活的昆虫）寄生后，性别上则发生变化，由雌性个体转变为雄性个体；与此相反，有一种生活在污水中的摇蚊，受到雨虫寄生后，却能从雄性转变为雌性。

　　昆虫的自然变性现象之谜，目前还没有完全揭开。不过科学家们通过人工移植方法做改变昆虫性别的实验已有报道，他们将雄性萤火虫三龄幼虫的生殖器取出，在无菌条件下，移至同龄的雌性幼虫体内，结果雌萤火虫幼虫化蛹羽化后竟变为雄萤了，而被摘除雄性生殖器的雄虫却变成了雌虫。科学家们认为，这是由于生殖器

吹绵蚧壳虫

滤泡管的中胚顶端组织在幼虫期能够分泌大量雄性激素所致。而在蛹期施行同样移植手术，则不能改变性别，是因为蛹期后，雄性体内的激素数量相对下降。

　　至于有些昆虫个体经过蛹期羽化为成虫后，身体两侧不对称，甚至少一只足或半边翅变小，这些现象不能称为性变，而多半是由于化蛹阶段受到外界创伤所致，或在由幼虫变蛹时遇气候干燥、营养不良造成的。

黄泥蜂

▶ 昆虫对航天航空事业的贡献

　　蜻蜓称得上是昆虫中的飞行冠军。它们常以 10～20 米/秒的速度连续飞行数百里而不着陆，有时竟能微抖双翅来个 180° 的大转弯。它还可用翅尖绕着"8"字形的动作，以 30～50 次/秒的高速颤动，来个悬空定位、原地不

动。蜻蜓能以高速完成这些动作，而极薄的翅却不会被折断。蜻蜓的翅上除密布着网状的翅脉承受着巨大的气流压力外，在前翅的前缘中央还生长着一块黑色的坚硬翅痣，起到了防颤、保护翅并使身体在飞行中保持平衡的作用。研究制作飞机的人们从中受到启示，在机翼的前缘组装上了较厚的金属板，使飞机在高速飞行中减少了颤动、保持了平衡、提高了安全系数，也加快了飞行速度。

蜻　蜓

　　蝴蝶和蛾子的翅膜上，镶嵌着无数的鳞片。这些鳞片不但增加了翅的承受力，也保护了翅免受高温及阳光照射时带来的灼伤。原来无数个鳞片起到光镜的作用。当气温升高时，鳞片会自动张开，增加了反射太阳光的角度，减少光的照射，使自身免受灼伤；当温度下降时，鳞片会自动紧密地贴伏在翅面，让太阳直射在鳞片

蝴　蝶

上，增加吸收太阳能的面积，提高了体温。航天工业的科学家们受到了生物体型构造的启示，研制出了一种巧妙而灵活的仿生装置。这种装置如同百叶窗，每扇叶片两个表面的辐射散热功能相距甚远，百叶窗的转动部位装有一种对温度极为敏感的金属丝，利用金属丝热胀冷缩的物理性质解决了卫星在高空运行时受温度变化而无法正常工作的问题。

　　小小的苍蝇，飞行速度可达 20 多千米/时，而且还能做到垂直升降、急速转弯调头、定位悬空、隐身潜伏、微波信息收发等动作。科学家们通过多种试验方法进行模拟，解开了其中的奥妙，原来关键在于其由后翅退化演变成的那

苍蝇

对形似哑铃状的平衡棒上。苍蝇飞行时，平衡棒以一定的频率进行机械性振动。当苍蝇的身体倾斜或偏离航向时，平衡棒的振动就会随之发生变化，并且能把这种变化了的信息传递到大脑中去，苍蝇再按新的指令来调整身体的姿态和航向。科学家们根据苍蝇身上平衡棒的导航原理，研制成了一代新型导航仪——振动陀螺仪，改变了飞机飞行性能和飞行能力。

基本小知识

热胀冷缩

　　热胀冷缩是指物体受热时会膨胀，遇冷时会收缩。这是由于物体内的粒子（原子）运动会随温度改变。当温度上升时，粒子的振动幅度加大，令物体膨胀；但当温度下降时，粒子的振动幅度便会减少，使物体收缩。热胀冷缩是一般物体的特性，但水（0℃～4℃）、锑、铋、镓和青铜等物质，在某些温度范围内受热时收缩，遇冷时会膨胀，恰与一般物体特性相反。

➡ 昆虫"戏"火车

　　新中国成立前，津沪铁路线上发生了这样耐人寻味的奇闻：当南下的火车运行在无锡至苏州段时，司机的视线竟然看不到路轨，为防止发生危险，只好停车去看个究竟。下车后竟大吃一惊，原来是千千万万只蝗蝻（飞蝗的幼虫期）自西向东跨越铁路：远看似洪水奔流，有一泻千里之势；近瞧你背我驮，重重叠叠，连滚带爬，争先恐后，黑压压足有半尺之厚；整个飞蝗队伍前不见尽头，后不见尾。司机焦急万分，因为火车是按钟点运行的，错过预定时间就有撞车的可能（当时是单轨线）。飞蝗队伍行进约 30 分钟后，蝗

蝗蝻

蝻数量才渐渐稀疏下来，又过一会儿才看到路轨以及一层散砂般的虫粪。此值7月时节，正是二代蝗蝻发生期。津沪沿线湖泊、苇塘较多，是历代蝗灾发生之地，如遇久旱逢雨，便会造成蝗灾暴发，这时当禾草、庄稼被吃光后，便会结队迁移。蝗灾惨状于明代诗书中有记述："飞蝗蔽空日无色，野老田中泪垂血。牵衣顿足捕不能，大叶全空小叶折。去年拖欠鬻男女，今岁科征向谁说。"可见蝗灾给人民造成的疾苦，绝非一般。如今蝗虫"戏"火车也算一灾吧。

　　无独有偶，另一起记载虫"戏"火车的可不是蝗虫，而是能传粉、酿蜜过着社会性生活的蜜蜂。"红灯停，绿灯走，要是黄灯等一等"，这是人们熟知的交通规则常识。一列由北京开往合肥的列车，途经丰台至廊坊间的安定车站时，由于司机看不到允许进站的绿色信号灯，只好停车待发，乘客议论纷纷。此时，北京铁路指挥中心的监视器上，明显的进站绿色信号灯不断闪烁着，为什么列车停而不进呢？通过无线调度电话联系，才得知是一群数量可观的蜜蜂聚集在绿色信号灯的玻璃罩上，将灯光遮得严严实实，司机看不见准予进站的信号，不敢轻易进站。信号就是命令，这是铁路员工必须遵守的法规。后经车站员工和司机同心协力，用火攻的办法，才把顽固坚守绿色光源的蜂群

蜜蜂

击退。直到绿色信号灯重显光亮，列车才长鸣运行。

　　蜜蜂为什么要成群地集结在信号机的绿色灯光罩上呢？要解答这个问题，还要从蜜蜂的社会性生活说起。饲养在蜂箱中的群体，有着严格的社会性生

活管理制度。蜂群的统治者蜂王是唯一女王,当蜂群中出现两只蜂王时,便出现争权行为,于是其中一只蜂王便率领部分工蜂出巢,这种现象称为分蜂。蜜蜂的复眼是由4 900(蜂王)~13 090(工蜂)个小眼组成,含有紫外线的光源对它们有着极强的刺激性,而且蜜蜂的眼睛分不清橙红色或绿色,当它们在飞行中遇到含有紫外线的绿色光,便会趋向并停留下来,加上光源放出一定热量,也适合昆虫的向温性,这就致使蜂群久恋不散。

基本小知识

紫外线

紫外线光是波长比可见光短,但比X射线长的电磁辐射,波长范围在10~400纳米,能量从3~124电子伏特。它的名称是因为在光谱中电磁波频率比肉眼可见的紫色还要高而得名。虽然人眼看不见紫外线,但大多数人都知道紫外线可能会给人体造成晒伤。紫外线的其他效应,对人类的健康有益处也有害处。

"虫大夫"

动物生病自医,确有此事。虫大夫能行医治病,或许有人不信,但昆虫确实能为人类诊病治病。

蚂蚁的趋化性很强,而且馋食甜食,只要存放有甜食的地方,不管你存放得多么严实,它们都会依靠头上一对嗅觉敏感的触角,左摇右摆地探索找到。因此,人们便利用它们这特有的本能,为人类诊断病症。患糖尿病的人,因为尿中含糖量过高而称为

蚂 蚁

"甜血症"。早在7世纪，我国民间就曾利用蜜蜂和蚂蚁的趋化性来诊断此病。方法是把蚂蚁放在病人尿盆边，如果蚂蚁很快爬去舔食，便证明病人患有糖尿病；如果蚂蚁表现得恋恋不舍，说明病情较重。

◐▶ 蝴蝶泉中织彩虹

在云南省大理市的西北方，雄伟壮丽的苍山角下，有一口中外驰名的"蝴蝶泉"。每当农历立夏，百花盛开，各种各样的彩蝶在泉池四周翩然飞舞，颇为壮观。蝶影入池，在斑斓的水波上闪烁，形成道道五光十色的彩虹。

樟青凤蝶

糖尿病

糖尿病是由遗传因素、免疫功能紊乱、微生物感染及其毒素、自由基毒素、精神因素等各种致病因子作用于机体，导致胰岛功能减退、胰岛素抵抗，引发的糖、蛋白质、脂肪、水和电解质等一系列代谢紊乱综合征。临床上以高血糖为主要特点，典型病例可出现多尿、多饮、多食、消瘦等表现，即"三多一少"症状。糖尿病（血糖）一旦控制不好会引发并发症，导致肾、眼、足等部位的衰竭病变，且无法治愈。

是什么神奇魔力，使成千上万只蝴蝶在此约会呢？

一是水源。水是蝴蝶生活中不可缺少的物质。特别是在烈日炎炎的夏日，群蝶追逐嬉戏后，必须寻找水源吸水，用来维持和提高体内飞翔肌的动力，并为繁衍后代储备能量。蝴蝶泉中流出来的甘露般的泉水，是吸引蝶类"约会"的第一种"魔力"。

二是食源。蝶类的成虫自蛹中羽化后，喜欢在幽雅清静的环境中寻花吸蜜，找树吮汁，用以补充营养，促使体内生殖器官尽早成熟。蝴蝶泉东临洱海，西傍苍山，环境幽雅，花木丛生，为蝶类提供了极理想的吸蜜吮汁的场所。

基本小知识

夏　至

夏至是农历二十四节气之一，在每年公历 6 月 21 日或 22 日。夏至这天，太阳直射地面的位置到达一年的最北端，几乎直射北回归线，此时，北半球的白昼达最长，且越往北越长。夏至这天虽然白昼最长，太阳角度最高，但并不是一年中天气最热的时候。因为，接近地表的热量，这时还在继续积蓄，并没有达到最多的时候。俗话说"热在三伏"，真正的暑热天气是以夏至和立秋为基点计算的。

三是性源。蝴蝶在性成熟期，雌蝶为了生儿育女繁殖后代，便从腹部末端分泌出性引诱素；性引诱素一遇空气即挥发，产生一种气味，蝶翅扇动产生的气流，使气味扩散开来。当雄蝶"闻"到这种气味后，好像接到了赴约的请帖，便"不远千里"奔向雌蝶。农历夏至过后，正是蝴蝶性成熟的时节，因此才有"一蝶

趣味点击

洱　海

洱海古代文献中曾称为叶榆泽、昆弥川、西洱河、西二河等，位于云南大理市区的西北，为云南省第二大淡水湖。洱海北起洱源，长约 42.58 千米，东西最大宽度 9 千米，湖面面积 256.5 平方千米，平均湖深 10 米，最大湖深达 20 米。洱海唯一出水口在下关镇附近，经西洱河流出。洱海是大理"风花雪月"四景之一"洱海月"之所在。据说因形状像一个耳朵而取名为"洱海"。洱海水质优良，水产资源丰富，同时也是一个有着迤逦风光的景区。

引来万蝶飞"的盛况。

虎纹青斑蝶

花儿美，蝴蝶更美，蝴蝶像是一朵朵会飞的花。蝴蝶为什么这样美？只要用手触摸一下它们的翅面，便会沾上许多粉末状的东西，这便是蝴蝶用来装饰自己的物质，人们称为鳞片。如果把这些粉末状的鳞片放在双目解剖镜下观察，就会发现这些鳞片有长有短，有细有宽，有的两边还带有锯齿，还有的带棱起脊，形状千奇百怪。每个鳞片上都有个小柄。鳞片整齐地排列在翅膜上，并将小柄插入叫作鳞片腔的小窝里。由于鳞片形状不同，组装成的图案也是多种多样。

蝴蝶鳞片上的不同形状构造，经过光的直射、反射、折射或互相干扰而产生出来的颜色，称为物理色。不同种类蝴蝶翅上鳞片的脊纹多少，各不相同。据研究，斑蝶鳞片上的脊纹有30多条，闪光蝶鳞片的脊纹可多达1 400条。一个鳞片上的脊纹越多，产生的闪光越强，颜色的变化也就越大。拿一个闪光蝶的翅，从正面看蓝里透紫，左斜看变成翠绿；在灯光下偏蓝，在日光下则偏紫。

蝴蝶鳞片上的黑色或褐色，则是鳞片所含黑色素造成的；白色或黄色是所含尿酸盐所致。因为这些"颜料"含有化学成分，由其产生的颜色便称为化学色。在一般情况下蝴蝶翅上的色彩，是由化学色和物理色混合而成的。这就是群蝶飞舞"编织"

广角镜

折　射

折射是指光从一种介质进入另一种具有不同折射率之介质，或者在同一种介质中折射率不同的部分运行时，由于波速的差异，使光的运行方向改变的现象。例如，当一条木棒插在水里面，单用肉眼看会以为木棒进入水中变折曲了，这是光进入水里面时，产生折射带来的效果。

闪烁变幻、美丽夺目的"彩虹"的道理。

虫变草与蝉开花

当你听到昆虫能变草时，一定感到很奇怪。昆虫是动物，草是植物，那么昆虫怎么会变成草呢？不了解大自然中各种生物变迁的真相前，确实感到有些奇妙，其实虫变草的说法是对一种自然现象的误解。

所谓虫变草的现象，大部分发生在青藏高原海拔 3 000～4 000 米的高寒地带。有一种名叫蝙蝠蛾的昆虫，

昆虫的蛹

 **拓展阅读**

青藏高原

青藏高原是世界上海拔最高的高原，平均海拔高度 4 500 米，面积 250 万平方千米，有"世界屋脊"和"第三极"之称。中国境内青藏高原的面积，占全中国国土面积的 23%，位于北纬 25°～40° 和东经 74°～104° 之间。高原边界，东为横断山脉，南、西为喜马拉雅山脉，北为昆仑山脉。涵盖范围有中国西藏自治区、青海省全境，新疆维吾尔自治区、甘肃省、四川省、云南省部分，以及不丹、尼泊尔、印度的拉达克等地区。

在它们的幼虫生长发育接近老熟时，被虫草属的一种真菌感染后，生起病来。发病初期，幼虫表现有行动迟缓、惊慌不安、到处乱爬等症状，最后钻入距地表仅有 3～5 厘米的草丛根部，头朝上，不吃不动地待上一段时间后，便因病死去。蝙蝠蛾幼虫虽死，但其身躯仍然完整。真菌孢子以幼虫体

冬虫夏草

内组织器官为营养，大量繁殖。冬去春来，在春暖花开的五六月间，虫体内的真菌转入又一个繁殖阶段，由孢子发展为白色菌丝，并从幼虫头上长出一根2~5厘米长的真菌子座来。由于子座露出地表部分顶端膨大，呈黄褐色，很像一棵刚露头的小草，故名虫草，又名"冬虫夏草"。当子座中的子囊孢子充满囊壳时，孢子成熟，子囊破裂，真菌孢子散发到空间大地，再去待机感染其他蝙蝠蛾幼虫。没有被真菌感染的蝙蝠蛾幼虫，经过化蛹、羽化为成虫，交配产卵繁殖后代。如此往返，年年有蝙蝠蛾幼虫，年年有虫草在地表出现。

蝉开花也是由真菌感染蝉的若虫引起的。它与虫变草的不同点在于，虫草菌感染上的不是蝙蝠蛾幼虫，而是在地下生活的蝉的若虫。所谓蝉花，并不是蝉会开花，而是真菌寄生在蝉的若虫上的产物，其过程与蝙蝠蛾幼虫被感

趣味点击

冬虫夏草

冬虫夏草，又名中华虫草，中国传统的名贵中药材。它是由肉座菌目麦角菌科虫草属的冬虫夏草菌寄生于高山草甸土中的蝙蛾幼虫，使幼虫身躯僵化，并在适宜条件下，夏季由僵虫头端抽生出长棒状的子座而形成，即冬虫夏草菌的子实体与僵虫菌核构成的复合体。目前主要认为冬虫夏草的真菌无性型为中国被毛孢。冬虫夏草主要产于中国青海、西藏、四川、云南、甘肃和贵州等省自治区的高寒地带和雪山草原。

染相似。蝉花一词，最早见于中国中药学经典巨著《本草纲目》，书中说："此物出蜀中，其蝉上有一角，如花冠状，谓之蝉花。"蝉花与虫草另一不同点在于，它不仅出现在高寒地区，在坡地及半山区也有踪迹，或者说，只要有蝉发生的区域，都可能有蝉花出现。

蝉花与冬虫夏草都是名贵的中药材。

身穿花衣的小不点

瓢虫可能是你小时候最早认识的昆虫之一。这是一类个儿不大、直径只有几毫米的圆鼓鼓的硬盖甲虫。这类小甲虫举止安详文雅，但胆子可不小，它能在你面前爬来爬去，并不回避。如果你把手指伸向它，它会直往上爬，爬到指尖时它会认为是面临"悬崖绝壁"，随后先张开那背上的硬壳——鞘翅，再从下面伸展开膜质柔软的后翅，来个滑翔"跳崖"表演。

瓢虫属于鞘翅目瓢虫总科，在昆虫家族中称得上是一个大类群，世界上已知约有 5 000 种，仅分布于中国并经研究记载的已达 350 种之多。

七星瓢虫

知识小链接

鞘　翅

　　鞘翅是昆虫的翅类型之一，亦称翅鞘。甲虫类的前翅全部变硬，角质化，主要用于保护自己。在静止时后翅重复摺迭，前翅在上面覆盖着，这种前翅称为鞘翅。甲虫专靠后翅的力量飞翔，而鞘翅不振动，借助于紧张的收缩和胸侧内突的助力，被固定在从水平线扩展到30°～45°的范围内。

　　瓢虫类群中有一种与人们接触较多的种类，孩子们常捉来玩耍，并编有顺口溜："小小甲虫，翅鞘橙红，七个黑星镶衬其中，人们称它'花大姐'，其真名实姓叫七星瓢虫。"七星瓢虫的一生中还有不少奇闻轶事哩。

　　七星瓢虫有着惊人的避敌本领。只要有天敌来扰或受到外界突然的刺

七星瓢虫幼虫

激，它就会发生一种叫作"神经休克"现象，有点像失去知觉似的一动不动。"休克"过后，受到刺激的神经系统恢复正常，它又清醒过来，开始爬行。这种"死去活来"的举止，人们称为"假死"。如果你用手去捏它，它就会使出第二招避敌本领：在它6条足上的各关节中间，渗出一滴滴的黄色汁液来，这些汁液散发出来的辣臭味，不但使人闻之感到腻烦，就连那啄食的小鸟，闻到这种怪味，也"退避三舍"。

　　不要另眼看待这些外美内臭的甲虫，它们能帮助人们消灭危害农作物的蚜虫，可称得上是蚜虫的"克星"。如果一只瓢虫爬到蚜虫堆里，它便毫不留情地"大口大口"地嚼吸起来，不论是有翅蚜，还是无翅蚜，就连那幼小的若虫也不会放过。

瓢虫的食量也很惊人，一只成虫一天就能"吃"掉100多只蚜虫。瓢虫也是个挑食馋嘴的昆虫，生来就不吃素，只吃"荤"，人们说它是"肉食性"昆虫。瓢虫不但变作成虫时专吃蚜虫，就是还没发育成熟的幼虫，也有与"父母"相同的习性。

七星瓢虫

七星瓢虫是以成虫在石块、土块及田园中的枯枝落叶下或多种物体的缝隙中，以冬眠的方式度过严寒冬天的。当然也有不少没有做好过冬准备的个体，经不起寒风和干旱的摧残，而不能再复苏。那些熬过冬天的个体，多半是体型稍大、身怀卵子的雌性。它们在春暖花开、蚜虫登场时便苏醒过来，寻找蚜虫"饱餐"一顿后，便东飞西找那已寄生蚜虫群的植物，把一粒粒像"小窝窝头"一样的黄色卵，成堆地产在有蚜虫的作物叶片上。不久，从卵中孵化出身穿黑色外衣、长腿、大牙、样子很凶的瓢虫幼虫，在蚜虫群里横冲直撞，

广角镜

神经系统

神经系统是由神经元这种特化细胞的网络所构成的器官系统，调节动物的动作，并在其身体的不同部位间传递讯号。动物体借神经系统和内分泌系统的作用来应付环境的变化。动物的神经系统控制着肌肉的活动，协调各个组织和器官，建立和接受外来情报，并进行协调。神经系统是动物体最重要的连络和控制系统，它能测知环境的变化，决定如何应付，并指示身体做出适当的反应，使动物体内能进行快速、短暂的讯息传达，并以此来保护自己和生存。

毫不留情地嚼吸着蚜虫。

👉 昆虫潜水员

凡是生活在陆地上的昆虫，都是用体表的气门使体内的气管（呼吸系统）与外界进行气体交换，不断排出废气，吸进新鲜空气。但鞘翅目龙虱科的昆虫，却能潜入水中长时间不露出水面，而不会窒息死去。原来它们的身上背着个特殊的"氧气筒"。

龙　虱

龙虱的坚硬鞘翅下，有个专门用来贮存气体的空间，叫作贮气囊。龙虱潜入水中以前，先将气囊吸满空气，并在腹部末端带上个像是氧气袋一样的气泡。这个气泡不仅在龙虱潜水时起稳定身体的作用，还能额外补充体内氧气的不足，具有"物理鳃"的功能。

龙虱刚潜入水中时，贮气囊及尾端气

广角镜

鳃

鳃是一种器官，很多水生动物依靠它将溶解在水中的氧气吸收到血液中，这种呼吸方式被称为鳃呼吸。最近的研究表明，腮主要的功能可能是调节体液平衡，避免脱水，而不是呼吸。鳃被一层很薄的、具有通透性的膜所包绕，血液在膜内的血管或者是腔隙里面流动，这样就可以尽可能地与外界的水接触到。用气管呼吸的昆虫，只有很少部分才使用鳃呼吸，主要是蜻蜓、蜉蝣和部分双翅目的水生幼虫。

栖息的龙虱

泡携带的空气中，氧气和氮气的含量与水中氧气和氮气的含量是处在平衡状态的。随着龙虱在水中的活动，不断使用气泡中的氧气，气泡中的氮气所占比重就相应增大，这样就改变了气泡中的气体和溶在水中气体之间的平衡。为了保持平衡，氮气便会从气泡中渗出来，氧气便从气泡周围的水中乘虚进入气泡内。由于氧气向气泡中的渗入速度要比氮气向气泡外的渗出速度快3倍，因此，只要气泡中还有氮气存在，水中的氧就能不断地补充到气泡内，这样气泡就能维持很长时间不会消失。有了足够的氧气供应，龙虱就能在水中长时间潜游了。当气泡内的氮气慢慢向外散尽时，龙虱便向水面浮起，将鞘翅下的气囊贮满新鲜空气和带入新形成的气泡，再潜入水中"遨游"。

基本小知识

光合作用

光合作用是植物、藻类和某些细菌利用叶绿素，在光的照射下，将二氧化碳、水或是硫化氢转化为碳水化合物的过程。光合作用可分为产氧光合作用和不产氧光合作用。光合作用是地球上的碳氧循环中最重要的一环。植物之所以被称为食物链的生产者，是因为它们能够通过光合作用、利用无机物生产出有机物并且贮存能量。通过食用植物，食物链的消费者可以吸收到植物所贮存的能量。对大多数生物来说，这个过程是他们赖以生存的关键。

　　天气逐渐变冷，水面开始结冰，此时龙虱再也不能浮到水面换气了，于是它就用别的方法取得氧气。当冰层较薄时，会有足够的光线透进水里，水生植物在进行光合作用的过程中，还会排出相当多的氧气，氧气聚集成气泡，浮在冰层下，供龙虱呼吸。有时龙虱也会寻找伸出冰面的草茎，头下尾上地趴在上面，借助草茎内部松软组织的透气性来呼吸冰层外的新鲜空气。

➡ 双刀大将

　　螳螂是人们熟悉而又常见的昆虫。每年夏秋季节，无论是在草地、农田、树林、果园，还是在园林花丛中，都可看到它们挥舞着"两把大刀"捕捉害虫的惊心动魄的情景。

　　螳螂的体型长得很奇特。它尖嘴巴，大眼睛，三角形的头可灵活转动180°。头上有一对反应极为敏捷的触角，前胸扁长。前足特化成带刺的"鬼头刀"，并可自由折合或伸开，用来擒获猎物；其中足、后足细长，成为支撑身体和代步的工具；它的腹部肥大，并由半革质的前翅和膜质的后翅所遮盖。

螳螂的若虫期

螳螂在植株上活动时主要靠中足、后足，举起前足，昂首慢行，与马相似，遂有"天马"之称。

　　螳螂属于螳螂目，是不完全变态类昆虫。每年发生一代，以囊形的卵块过冬。这种卵块若产于桑树枝条上，就称为"桑螵蛸"。桑螵蛸具有补肾壮阳、固精缩尿的功用，是一种治疗肾虚腰痛、神经衰弱和妇女经血不调的中药材。

螳螂若虫的生活习性与成虫相似。它们都是肉食性，而且只吃活食。螳螂的若虫体型小，翅发育不完全。成虫的体型，同种间雄小雌大，可说是"大媳妇"与"小丈夫"。

螳螂的交配时间是在每年的秋季。昆虫中属于两性生殖的种类，在进行交配、产卵及孵化等生殖的过程

螳螂

中，一般是雌雄互相合作，共同完成生儿育女的任务。但螳螂在交配过程中，有着雌吃雄的不正常现象。以往对这种"食夫"现象有两种解释：一是在交尾过程中，由于雄螳螂已精疲力竭，常使身体过度前倾并失去平衡，而匍匐于雌螳螂背上，被雌螳螂误当作猎物食掉；二是螳螂属于捕食性肉食昆虫，雌螳螂孕卵期间需要大量营养贮存于体内，以便供产卵时消耗，因此在交配接近尾声时，雌螳螂为生儿育女吃掉雄性，雄螳螂也甘愿作个"痴情丈夫"，并认为这种情况只是当雌螳螂处于极度饥饿状态时才会发生。

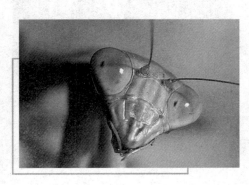

螳螂

近年来经科学工作者的仔细观察，得出了不同的结论。原来这种"食夫"现象是由于雌螳螂性器官未完全成熟，而早熟的雄螳螂急于交配所致。这种雄性早成熟，急于向性未成熟的雌性"求爱"而引起互斗甚至残杀的现象，在直翅目的蟋蟀科、螽斯科中极为常见，并非螳螂独有。

螳螂的过冬卵块，于每年的 4 月下旬开始孵化。临孵化前卵块上面的鳞瓣状孵化孔开始膨大，不久即见到带有红色眼点的卵粒显露出来。此时的小若虫即逐个用前足撕破壳挣扎着脱出身来，拖带着极薄而残破的卵膜和一条有黏性、长短不一的丝倒垂下来；稍作休息，即放弃卵膜和丝体，各奔东西去寻找猎物捕食。一块卵中的近百个卵体的孵化过程，只在很短的时间内完成，遗留下来的只是一个空瘪的卵蛸和随风飘荡的卵膜和断丝。有一种观点认为，螳螂卵这种独特的孵化方式，是雌螳螂为避免儿女们互相残杀而精心设计的。

知识小链接

产　卵

产卵，为卵生动物将卵从母体中排出的过程。为了将卵从卵巢排出体外，大多数卵生动物都具有输卵管，仅少数动物的卵是从肾管或口排出。产卵场所通常选择适于保护卵和幼体、有利于幼体孵化并有充足食物的地方，例如：有些动物就是在其他动物体内或植物体内的一定部位产卵；也有为了产卵、育儿而营巢。有些鱼类、昆虫的输卵管末端会在体外突起形成产卵管，以适于产卵。水生动物若只将卵排放到水中的，也可称为排卵。

➡ 雀蛋戏法

秋去冬来，树叶枯萎凋落。在林间灌木丛的小枝条上，特别是酸枣树和榿树的枝杈上，常黏附着一个个椭圆形、像蓖麻籽大的硬球，上面还涂着灰褐色和白色扭曲形条纹，看上去很似"雀蛋"。好奇的人们，常采来几个，拿在手中观赏一番。那硬邦邦的外壳的光溜溜带花纹的表皮上，还有一层白粉薄霜。如果把它夹在拇指和食指之间，用力一捏，便会发出啪的一声响，同时一股黄白色的浆液会溅满你手和一身，如果你不赶快用清水冲洗，它便会使你的皮肤痛痒难忍。这个奇怪的"雀蛋"便是黄刺蛾幼虫老熟后织成的，用来遮风防寒、抗拒天敌侵袭的安乐窝——茧子。

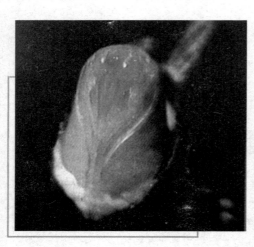

黄刺蛾的蛹

黄刺蛾属于鳞翅目刺蛾科，是完全变态类昆虫（有蛹期的昆虫）。此科昆虫的幼虫身上，长有很多丛状的毒毛，碰到人的皮肤，毒毛刺入汗毛孔，并分泌酸性毒液，有时毒毛也折断在人体内，使人疼痛难忍，所以人们给它起了"洋拉子""刺毛虫""火辣子"等俗名。

黄刺蛾幼虫能织成雀蛋形的茧子，而且还巧妙地将自己包在里面，真是下了一番功夫哩！老熟幼虫作茧时，先在寄主枝条上爬来爬去，然后选择一处有枝杈或叶芽的地方，再用口器嚼刷掉粗糙的树枝表皮和上面的污物，这样茧在枝条上会粘得更牢；地点选好后，略微休息，便在自己身体的外围，用吐出来的丝，织结成一层薄丝网，很像是钢筋水泥结构的骨架，再从肛门中排出一股黏性的灰白色液体，借助身体在丝网中的蠕动和不断地旋转，黏液就会均匀地涂抹在丝网上。薄茧的雏形像个半圆形的球体，刺蛾幼虫再将它体表上的那层棕色色素斑纹，贴附在茧坯上，透过薄丝网显示出来，这就成为"雀蛋"上的花斑。然后，它又连续不断地吐丝，同时从口中吐出褐绿色黏液，用来加固茧壁，直到身体内可用来作茧的物质吐尽时，才紧缩在茧内，凭借这"固若金汤"的雀蛋形茧子度过严冬。

黄刺蛾的天敌青蜂，并没有因黄刺蛾制作的硬茧而放弃对它的寄生。青蜂在黄刺蛾幼虫老熟开始准备作茧时，便很机敏地把卵产在它的体内。黄刺蛾幼虫作茧时，正好是青蜂的卵期，因此并不影响幼虫作茧的全过程。茧子织好后，青蜂卵开始孵化为幼蜂，并以黄刺蛾幼虫体内组织为食，待到来年羽化后啃破茧壳钻出来的就是一只闪烁着青蓝色光泽的青蜂成虫。黄刺蛾幼虫辛勤织造的虫茧，便成了青蜂幼虫生长发育的"摇篮"。

大自然中的蝶舞图

那些没有被青蜂寄生的黄刺蛾幼虫在茧中度过冬天后，才化成黄褐色的蛹，不久即羽化为成虫破壳而出。

黄刺蛾幼虫织造的这个雀蛋形茧子很坚固，那么既没有锋利的牙齿，也没有角或刺的成虫，又是怎样冲破茧壳的呢？原来这道破壳的工序是在蛹期完成的。就在黄刺蛾蛹的头部颚前区，有一条稍微隆起的横带，上面排列着数十个锯形的小尖齿，蛹羽化为成虫前，靠腹部的蠕动摇摆，使蛹在茧中旋转，颚上的小齿便将茧的上部内壁，划出一圈圆形浅沟来，使茧壁变薄。成虫羽化时，只要从茧皮上端稍微向上一顶，就能将浅沟部位拱裂而挣脱出壳。

你看，大自然造就的生灵是多么有趣啊！

能飞擅舞的昆虫

　　昆虫是无脊椎动物中唯一有翅的一类，也是动物中最早具有翅的一个类群。飞翔能力的获得，给昆虫在觅食、求偶、避敌、扩散等方面带来了极大的帮助。昆虫的翅膀不仅是它们生存的法宝，也是自然界的一道奇观，例如色彩斑斓的蝴蝶在飞翔时翩翩起舞的美令人陶醉，因而被人们誉为"会飞的花朵"。

　　昆虫虽小，但是它们在许多方面表现出来的专长让其成为自然界的优胜者。虽然，人类到目前为止不能完全了解昆虫们的习性，如它们的思维方式、信息传递方式和独特的生存本领，但是，人类已经从昆虫身上学到了许多知识，我们的一些高科技就是得益于昆虫的启发。相信随着人类对昆虫研究的更加深入，我们将会得到更多的启发和收获。

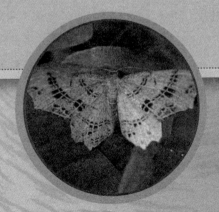

喜欢吸食汁液的蛾子

蛾子不像蝴蝶那样受到人们的欢迎，因为它们大多数不如蝴蝶美丽，通常是在夜晚活动，而且生存环境也要比蝴蝶差得多。它们的身体结构更适于用来保存热量而不是吸收热量。因此，它们拥有更多的脂肪，体表有被毛，并且在休息的时候将翅向身体的两侧伸展，而蝴蝶的翅是折叠起来竖在身体背部的。它们之间的另一个不同点是在触角上：蝴蝶的触角呈光滑的棒状并且末端突起，而蛾子的触角

蛾 子

是羽毛状的，这可能与它们分别在白天和夜晚活动有关。蛾子不太依赖视觉，而是用触角作为空间方位的传感器，在蛾子飞行和盘旋时用来保持身体的平衡，就像我们人类内耳的功能一样。

显然，蛾子比蝴蝶更多地依赖嗅觉和听觉。蛾子能够闻到 10 千米以外的异性散发的味道。蛾子的听觉结构虽然简单，但效率很高。有些灯蛾能够探测到蝙蝠发出的超声波，并通过拍打翅产生干扰频率。蛾子和蝴蝶一样，都有香鳞，能够释放信息素来吸引异性和

趣味点击

超声波

超声波是指振动频率超过人类耳朵可以听到的最高阈值 20 千赫的声波。超声波因其高频特性而被广泛应用于众多领域，比如金属探伤、工件清洗等。人耳听不到超声波，但某些动物如犬、海豚、蝙蝠等都有着超乎人类的耳朵，则可以听到超声波。因此有人利用这个特性，制成能产生超声波来呼唤犬只的犬笛。

认识同伴，例如芳香木蠹蛾能够散发出类似山羊的味道。

蛾　子

绝大多数的蛾子都有一个能从花朵中吸食花蜜的细长的虹吸式口器，因此，最早出现的类似蛾类的昆虫可能是以花蜜为食的，其后续物种也一定继承了这一取食习性。虽然绝大多数蛾类都是吸食花蜜的，但也有相当一部分蛾子靠取食烂水果汁、动物尿液和液体分泌物，以及靠在水边泥地上吸食盐溶液而获得营养补充。应当说，一个适合于吸食花蜜的口器也同样适合于吸食烂水果汁、尿液、汗液和动物的眼泪。动物的眼泪含有水、盐和蛋白质，是一种富有营养的液体，因此，许多蛾子以动物的眼泪为食。另外一些蛾子，例如一种体型很小的须水螟能偷偷地骚扰大象，而生活在马达加斯加的一种个头很大、行动诡异的蛾子则擅长将它们具有带钩的叉状长喙插入正在酣睡的鸟儿的眼睑。

蛾　子

在蛾类中，只有很少的种类具有刮擦水果的能力，即用口器摩擦软皮果的表面使其受伤并流出甜液来，然后再将甜液吸入体内。蛾子的口器在结构和功能上是有很大变化的，除了标准的虹吸管类型外，有的像一个钻头，很坚硬，有的末端生有少量的短小硬毛，有锉刀的功能。在少量蛾子中有一种演变趋势，即硬毛变得越来越多、越来越硬，使其已变成锉刀的口器能直接刺破黑莓和悬钩子的外皮吸食果肉。在一些蛾子中，口器的切割功能得到了进一步发展，甚至能够刺破具有很厚外皮的果实。如果一种蛾子的口器具有了刺穿橘皮的能力，那它也就具备了刺穿哺乳动物的皮肤吸食血液的能力。

蛾子是属于鳞翅目、同脉亚目和异脉亚目的昆虫，全世界已知的有 16 万多种，占鳞翅目总种数的 90%。但其中具有吸血行为的只有

彩　蛾

4 种，而吸血蛾只是其中的 1 种。蛾子吸血是极罕见的一种行为习性。有一位科学家曾观察过这种蛾吸食水牛血的情况，原以为这种蛾只是吸食哺乳动物在受蚊虫叮咬时流出的血滴，但当他割破自己的手指暴露给吸血蛾时，发现

彩　蛾

蛾虽将其口器浸入血滴中，但它并不吸食暴露在表面的血，而是刺入伤口的嫩肉吸食体内的血液。

吸血蛾很可能就是从刺食果实的蛾类进化来的。由于它所有的近亲都是专门吃果实的，所以那时吸血蛾很可能也是以这种方式取得食物。如果在食果蛾种群中有些个体受到动物的吸引去吸食眼睛的分泌物或蚊虫排出的血液，那它们就会获得额外的营养补充，这将促使它们发展新的取食行为，直到通过突变使其口器强大到能刺破一些哺乳动物的皮肤吸食血液为止，正如现在的吸血蛾所做的那样。

知识小链接

盐

盐，在化学中是指一类金属离子或铵根离子与酸根离子或非金属离子结合的化合物，如硫酸钙、氯化铜、醋酸钠。一般来说盐是复分解反应的生成物，如硫酸与氢氧化钠生成硫酸钠和水，也有其他的反应可生成盐，例如置换反应。盐分为单盐和合盐，单盐分为正盐、酸式盐、碱式盐，合盐分为复盐和错盐。可溶盐的溶液有导电性，是因为溶液中有可自由游动的离子，故此可作为电解质。

🔊 有反雷达装置的夜蛾

夜蛾同以昆虫为食的蝙蝠都是昼伏夜出的动物。夜蛾的天敌是蝙蝠，但在自然的情况下却很少看到蝙蝠能够捕捉到夜蛾。

蝙蝠是被称为"活雷达"的能飞行的哺乳动物，有一种非常绝妙的捕食本领。它的声呐系统是动物世界最奇妙、最完美的声呐系统。它能利用自己飞行时发出的超声波，在漆黑的夜晚准确地探测出飞行的各种蚊虫，并能以最快的速度，百发百中地将猎物捕获。因此，体型比蚊子大得多的夜蛾应该说更容易被蝙蝠发现，

夜　蛾

然而，夜蛾却能像现代化战争中使用预警雷达一样，截听到蝙蝠发出的超声波，预先发现危险的临近，并且及时地发出干扰，使蝙蝠的"雷达"探测能力缩小，甚至失去定位的能力。在和蝙蝠巧妙周旋一番后，夜蛾能安然脱险，

巧妙摆脱蝙蝠的追捕。

夜　蛾

夜蛾的反声呐战术具有 5 个特点：一是主动侦察，提前发现敌情；二是及早报警，早做防御准备；三是积极干扰，迷惑天敌；四是吸收超声，减少回声；五是变化战术，巧妙逃避。夜蛾就是在这 5 个方面的紧密结合上，形成了一套完美的反声呐战术。

在夜蛾的身上长有一种奇妙的"耳朵"——能感受到超声波的鼓膜器。这种鼓膜器位于夜蛾腹间的凹处，外面是一层角褶皱和鼓膜，里面有气囊、感振器和鼓膜腔，腔内有两个听觉细胞和一个非听觉细胞。它们的神经纤维相互平行，形成一束鼓膜神经，与主神经干相连接，并通向胸神经节。夜蛾的这双"耳朵"非常灵敏，就是在充满噪声的情况下，也能收听到和分辨出蝙蝠发出的超声信号。

通常，夜蛾为了争取主动，都会主动发射超声波，以便在蝙蝠未发现自己之前就提早跑掉了。

当蝙蝠距离夜蛾 30 米远时，夜蛾的鼓膜器能像预警雷达一样，截听到蝙蝠发出的超声波，

广角镜

蝙蝠

蝙蝠是翼手目动物的总称，翼手目是哺乳动物中仅次于啮齿目动物的第二大类群，现生物种类共有 19 科 185 属 962 种，除极地和大洋中的一些岛屿外，分布遍及全世界。蝙蝠主要依靠回声来辨别物体，有一些种类的面部进化出特殊的增加声呐接收的结构，如鼻叶、多褶皱的脸和复杂的大耳朵。

使它马上就知道敌人已经逼近了，并且立即向同伴发出报警信号。

蝙蝠发现夜蛾后，便会发出更高频率的尖叫声。但是，在夜蛾附肢的关节上有一种振动器，开动这个振动器，它就能随着腿部肌肉的收缩而发出一连串的超声，这种超声的振动频率正好在蝙蝠听得见的超声频率范围内，借以干扰迷惑蝙蝠，使它在干扰

夜　蛾

中失去定位能力。

此外，由于夜蛾身体覆有一层厚厚的绒毛，这些绒毛能吸收音波，使蝙蝠得不到特定强度的回声，从而大大缩小了蝙蝠雷达作用的距离，帮助夜蛾逃避蝙蝠的追捕。

如果蝙蝠紧盯着夜蛾不放，夜蛾还会立即改用另一种战术：不断张开或收拢双翅，调整体位，搜寻蝙蝠来袭的方向。当敌情判明以后，夜蛾便迅速选择出最佳的逃逸方向，翻筋斗，兜圈子，改变飞行方向，以甩掉追击者。要是这些招数不灵，它便干脆收起双翅，笔直地倒栽下来，一动不动地潜藏在地面，从而摆脱蝙蝠的追击。这时候，蝙蝠由于突然失去追击的目标，只得悻悻而归。

模仿夜蛾的反声呐战术，可以创造出一种新的反电子战术，从而使电子防御作战力大大提高一步。比如，模仿夜蛾

趣味点击　声　呐

声呐是一种利用声波在水下的传播特性，通过电声转换和信息处理，完成水下探测和通讯任务的电子设备。它有主动式和被动式两种类型，属于声学定位的范畴。声呐电子设备能利用水中声波对水下目标进行探测、定位和通信，是水声学中应用最广泛、最重要的一种装置。

的鼓膜器，研制出一种"电子侦察预警机"；模仿夜蛾足部关节上的振动器，研制出一种"电子干扰迷惑机"；模仿夜蛾身上的绒毛，研制出一种"电磁吸波材料"，并把这些材料用在飞机、舰艇、导弹、坦克等重要装备上。在电子战斗中，不断使用"电子侦察预警机"侦察敌情；使用"电子干扰迷惑机"施放各种频率的电磁波进行欺骗和干扰，使敌方电子设备失去定位能力，迷失方向；同时利用"电磁波吸收器材"吸收敌方电磁波，减少电子回波，降低敌方电子侦察、追踪能力。当我方飞机、导弹、舰艇、坦克车辆受到敌机、敌导弹等电子跟踪、追击时，采用夜蛾的逃避战术，不断改变自飞方向、翻筋斗、打圈子、螺旋式下降或者进入工事躲避，能够大大提高电子战的生存能力。军事家们模仿夜蛾与蝙蝠的声呐战，在现代战争里的电子战中运用得淋漓尽致。

拓展阅读

导　弹

导弹是"导向性飞弹"的简称，是一种依靠制导系统来控制飞行轨迹的可以指定攻击目标，甚至追踪目标动向的无人驾驶武器。其任务是把战斗部装药在打击目标附近引爆并毁伤目标，或在没有战斗部的情况下依靠自身动能直接撞击目标，以达到毁伤效果。简言之，导弹是依靠自身动力装置推进，由制导系统导引、控制其飞行路线，并导向目标的武器。

夜蛾是属于鳞翅目夜蛾科的昆虫，全世界已知有 25 000 余种。遗憾的是，其中有许多都是农业中的害虫，例如危害棉花的地老虎、金刚钻，危害麦类的黏虫和危害水稻的稻螟蛉等。夜蛾以奇特的方式躲过了蝙蝠对它的捕食，保存了自己，但却给人类的农业带来了重大的损失。

🔍 在泡沫之中隐身的沫蝉

沫蝉体型中等，与成天在树上"唱歌"的蝉是近亲。不过，它们并不像蝉那样善于鸣叫，而且生活习性与蜡象比较接近。它的身体略呈卵形，背面隆起；前胸背板大，但不盖住中胸小盾片；前翅革质，常盖住腹部；爪片上2脉纹通常分离；后翅径脉近端部分叉；后足胫节背面有2侧刺，端部有2列端刺，第1、2跗节上也有端刺。

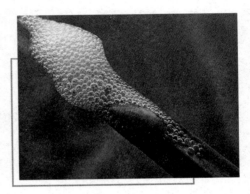

沫蝉

沫蝉是属于同翅目沫蝉科的昆虫，全世界已知有1000多种，我国有100多种。与蝉一样，沫蝉也是不完全变态类昆虫，即在它们的一生中，并不需要经历大多数昆虫所必须经历的蛹期。大多数蝉需要经历10～20次蜕皮才能变成成虫，而雌沫蝉则把卵直接产在幼嫩的枝条上，幼虫只需经历5次蜕皮就能成为成虫。

沫蝉的头部有一根针状的刺吸式口器，可以刺入植物的叶片或茎秆中，靠吸食植物的汁液为生。如果在植物的叶片或茎秆上发现有一堆堆像唾沫似的泡沫，那就是沫蝉的藏身之所。只要把那泡沫用小草棍拨开，就能看到里面有一只乳白色的小虫在蠕动，这就是隐身其中的沫蝉了。由于人们看见的沫蝉总是躲在泡沫里，就认为这泡沫是它吹出来的，于是又把它叫作"吹泡虫"。

事实上，沫蝉用来掩蔽身体的泡沫是从它的腹部下端一个气门开口附近的腺体排出来的，当这种胶质的腺液和气门排出的气体混合在一起时，就形成了一堆堆泡沫。有趣的是，14世纪的欧洲人认为，这些唾沫是布谷鸟衔草时不小心掉在树枝上的唾沫；16世纪的一位植物学家认为，这些唾沫是植物分泌的，他甚至还列出了一大串会分泌唾沫的植物名录；而美国南方的黑人直到 19 世纪以前都坚信，这些唾沫是由叮咬牲畜的马蝇制造的。

沫蝉又叫吹泡虫

沫蝉为什么要隐身在泡沫之中呢？原来，它的幼年时期身体十分嫩弱，如果暴露在空气中，很容易干死。还有，它不会飞，跳也跳不远，如果暴露在外，很容易被天敌捕食。为了免受烈日的暴晒，躲过天敌的伤害，沫蝉在千百万年的进化过程中，学会了这种以泡沫掩身的隐身术。这奇妙的隐身术，使它安全地度过了自己的幼年时代，等到沫蝉长大变为成虫，它既会飞，又会跳，就再也不需要用泡沫掩身了。

沫蝉的身体粗短，色彩艳丽，不擅长飞行，但却有一对跳跃能力很强的后腿。可以在面对天敌时像青蛙般一跃而起，然后逃之夭夭。因此，沫蝉在英文中的俗名是"蛙蝉"。最近的研究表明，沫蝉已经取代跳蚤成为自然界新的"跳高冠军"。沫蝉的后腿肌肉非常健壮，就像随机待发的弹弓，可以在瞬间跳跃后再蓄力。相对于身体长度，沫蝉惊人的跳跃能力超过任何一种昆虫。沫蝉在起跳前，其后腿如弹射机般蓄力，起跳的初始速度为 3.1 米/秒，3 倍于跳蚤起跳的速度，起跳时承受的重力大约为自身体重的 400 倍。而经过训练的喷气式飞机驾驶员在起飞时最多也只能承受自

拓展阅读

马 蝇

马蝇是双翅目虻科虻属的昆虫，成虫比一般的蝇大。头大，身体表面生有细毛，像蜜蜂。口器退化，不摄取食物，主要靠吸食哺乳动物的血液维生。多生活在野外。卵产在马、驴、骡等的毛上，孵出的幼虫被动物舔毛时带入体内而寄生在胃里。

己体重 7 倍的重力。

沫蝉纵身一跃最多只用 1 毫秒的时间。它身长仅有 0.6 厘米，但最高跳跃高度可达 70 厘米，相当于自己身高的 100 多倍，这大约相当于一个人一跃而起，跳到 200 层左右摩天大楼的高度。

不过，沫蝉却是一种园林、农田中常见的害虫，尤其是我国

沫蝉是农田中常见害虫

南方丘陵、山区水稻的重要害虫。例如，稻赤斑沫蝉，又名"雷火虫"或"端阳虫"，它的若虫、成虫吸食稻株茎叶汁液，产生危害。稻赤斑沫蝉的幼虫在田坎、土台等地深 5 厘米左右的土缝中越冬，来年 5 月中旬左右开始陆续出土，羽化出成虫并进入稻田吸食叶液。受害的稻叶呈长条状砖红色，危害严重时，受害稻株一片火红，使稻叶丧失光合功能，提前枯死，导致秕粒增加而减产，严重时可减产 50% 以上。

📷 "翘头垂尾"的斑衣蜡蝉

斑衣蜡蝉又叫樗鸡、灰蝉、灰花蛾、红娘子等。其体型中等，体长一般为 15～22 毫米。它的体色大多较为艳丽；头部偏小，额部延长如象鼻，触角着生在一对大大的复眼下方；前翅基半部淡褐色而稍带绿色，有黑斑 20 余个，翅端半部黑色，脉纹白色，角质，翅脉分枝成网状；后翅基部鲜红色，且常有黄色相间，具有 7～8 个黑色斑点，翅端黑色，红色与黑色交界处有白带；体及翅上常有粉状白蜡。

斑衣蜡蝉是属于同翅目蜡蝉科的一种昆虫，是蝉类的远亲。它的俗名——樗鸡的来历，与它们喜食的椿树有密切关系，"樗"字就是臭椿树的代称；而斑衣蜡蝉头尖、足长，停栖时翘头垂尾，样子很像昂首啼叫的鸡。

斑衣蜡蝉为什么要像雄鸡啼鸣那样"站立"在树上呢？这是因为它那根刺吸式的针状口器从头的下方向

斑衣蜡蝉

后伸出，而且不能随意弯曲，这种口器叫作后口式口器。斑衣蜡蝉取食时，只有头部翘起来，口器才能从胸部腹面垂下，去刺穿树木的皮，吸取植物液体。另外，斑衣蜡蝉这样的姿势，也能增加足的爆发力，可随时弹跳，躲避开天敌的侵袭。

斑衣蜡蝉是蝉类的远亲

斑衣蜡蝉还有一个特殊的习性，从小到老，总喜欢许多只聚在一起，而且常在寄主椿树的枝干上列队而行，十分整齐。只要有一只在瞬间弹跳飞走，其余的就好像得到了号令似的，会一个个旋即离去。有时也在枝干上互相追逐，绕着树干转圈，像是在玩着"捉迷藏"的游戏。

斑衣蜡蝉的生活周期较长，1 年内常只发生 1 代。成虫把卵产在寄主椿树的老枝干上，卵粒成条形，整齐地排列成块状。为了过冬卵的安全，产完卵后的成虫还要从产卵管中排出大量的粉褐色黏液，覆盖在卵块上。经历寒冬后，到来年的 5 月间随着卵中的胚胎发育，卵粒膨胀，外面的保护层便自然脱落，不久即从卵上的裂口中孵化出一个个若虫来。刚从卵中钻出来的若虫身披黑色"外衣"，上面衬托着一些白色小星点，显得那么严肃庄重。若虫也会跳跃，一遇惊扰即四散逃避。当它长到 3 龄时，便换上带有红色、黑袖黑腿的"春装"。发育到成虫阶段，便完全改变了若虫期的装束，穿上灰蓝色带有白色点的"外罩"（前翅）、内衬红色镶有黑边的"筒裙"（后翅），腹部由黑变成棕黄相间。也许是快要"婚配"的缘故吧，它全身又涂上了一层抹得不太均匀的白色蜡粉。

斑衣蜡蝉喜吸食树汁

斑衣蜡蝉对臭椿、枫树、榆树、洋槐等多种树木有危害性。尤其是若虫喜欢栖息在臭椿树上，将它的刺吸式口器插入植物组织的深处，吸食树汁。它所刺吸的树木伤口中，常流出较多的树汁，引诱蜜蜂和苍蝇等前来舔食，进而诱发植物感染煤烟病，影响树木的生长。

斑衣蜡蝉害怕阴冷多雨的天气，若在初秋时节雨量特别多，其成虫寿命会缩短，使很多成虫还未及产卵就提前死亡，影响到第二年的繁殖。相反，若秋季雨少而气候温暖，则其繁殖数量就多，对树木的危害则加大。

拓展阅读

枫 树

　　枫树为高大乔木，树高达 24 米，冠幅可达 16 米。幼树直立生长，随着树龄的增长，树冠逐渐敞开呈圆形。枝条棕红色到棕色，有小孔，冬季枝条是黑棕色或灰色。叶对生，浅绿到深绿色，长 12.5 厘米，宽 12.5 厘米。原产加拿大东部和美国，中国可在北至辽宁南部，南至江苏、安徽、湖北北部区域内生长。喜光、耐寒、耐干旱，适应性强。秋季叶片色彩艳丽，树冠浓密，适合在面积较大的庭园或开阔地域内作观赏树种。

斑衣蜡蝉只喜欢吸食少数几种树的汁液，寄主的范围不大，成虫的适应性差，对特殊气候条件不易适应，因而在自然环境中数量较少。

 善奏名曲的纺织娘

纺织娘在鸣虫中属于大型种类，体型细长，从头到翅端可达 5～7 厘米，单翅长 3.9～4.4 厘米。它比"叫哥哥"（蝈蟊、蝈蝈）还要大而狭长，而另外一类鸣虫——黄蛉，和纺织娘相比，只是纺织娘身体的一角，可谓"大人国"里的"小矮人"了。纺织娘的头部与蝈蝈相似，只是比蝈蝈的头略小；触角细长，呈丝状，黄褐色；前翅发达广阔，超过尾部，足相对较细；前胸前窄后宽，向后不甚延长；前胸腹板有凸起或刺一对，背板有两个弓形槽沟；整个身体看上去很像一个扁豆豆荚。

纺织娘俗称莎鸡、络纬、络纱婆、筒管娘、络纱娘、络丝娘、梭鸡等，是属于直翅目螽斯科纺织娘亚科的昆虫，其种类很多，广泛分布在东南亚和南太平洋众多岛屿上，以及我国华南和华东地区。

纺织娘的体色大致有紫红、淡绿、深绿、枯黄 4 种。紫红色的比较少见，

纺织娘

俗称"红纱娘"或"红娘";淡绿色的称为"翠纱娘"或"翠娘";深绿色的称为"绿纱娘"或"绿娘";枯黄色的称为"黄纱婆"或"黄婆"。

纺织娘也是古老的鸣叫昆虫,不像黄蛉是在近代才被记录的鸣虫。在《诗经·豳风·七月》中有"五月斯螽动股,六月莎鸡振羽"的句子,莎鸡是纺织娘的古称。五代邱光庭的《嫌明书》记述较准:"莎鸡状如蚱蜢,头小而身大,色青而有须。其羽昼合不鸣,夜则气从背出。吹其振振然。其声有上有下,飞似纬

纺织娘是鸣叫昆叫

车,故今人呼其络纬者是也。"据载纺织娘作为鸣虫畜养,始于宋代。

纺织娘栖息于平原田野或山地草坡一带。白天,纺织娘一般不声不响,养精蓄锐,常常静伏在瓜棚、篱笆的藤枝叶间,或灌木丛下部,不易发现;待到黄昏和夜晚时,它便开始"上班"了,爬到上部枝叶间活动,因此它是一种夜虫。纺织娘善于爬行,骤见光线有时会悄然潜迹他处或转身叶下而致迷踪。它们也擅长跳跃,在危急时就在瓜藤间纵身一跃,往往坠落地面,没入草丛之中。

基本小知识

灌木丛

灌木是没有明显主干的多年生木本植物,植株一般比较矮小,不会超过6米,从近地面的地方就开始丛生出横生的枝干。多为阔叶植物,也有一些针叶植物是灌木,如刺柏。如果越冬时,地面部分枯死,但根部仍然存活,第二年继续萌生新枝,则称为"半灌木"。

纺织娘的每次开叫，必有短促的前奏曲，"轧织"声至20声以后，它的叫声便开始响亮起来，从"织、织、织、织……"至"咯啦啦——咯啦啦——咯啦啦……"，这声音酷似从前农妇手摇纺车正在纺线时的响声。纺织娘的鸣叫声时高时低、韵调悠扬，不似"叫哥哥"那样音色单调，它的鸣叫声既有节奏又富有变

纺织娘喜在夜晚鸣叫

化。在纺织娘鸣叫的高潮时期，就像千百架纺车同时发出的声音，震耳欲聋。若有两三只纺织娘在一起鸣叫时，声音此起彼伏，就像是一支小乐队正在演奏一样。

纺织娘的雌雄之别，在于尾部，有"刀"者为雌纺织娘，这是由于它的产卵管呈弧形上翘，好似"马刀"一般。雄纺织娘的鸣声也是对雌纺织娘的一曲情歌。在夜晚的田野里，当雄性纺织娘鸣唱时，若附近正好有雌性纺织娘的话，雄纺织娘就会边鸣边转动身子，以吸引雌纺织娘的注意，那雌性纺织娘闻声相约而来，然后便是求偶和交配，双双坠入爱河。

还有一种与纺织娘很相像的种类叫作日本纺织娘，生活在较阴凉的灌木丛、林荫下的草丛、拉拉藤

拉拉藤

拉拉藤，一年或多年生草本植物，有时基部木质化。茎直立或蔓生，纤细，通常具4棱或倒刺。叶4~10片轮生，稀对生；叶片卵圆形或倒卵形，稀披针形。花4基数。花两性，稀单性，组成顶生或腋生聚伞花序或圆锥花序，稀单生，无小苞片。本属约有400种，广布于全球，主产温带地区。我国约50多种，南北各地均有；秦岭产9种及8变种。

之中，性喜阴。当它开叫时，直接叫出"织、织、织……"的声音，没有短促的"前奏曲"，而且它的鸣叫声在音调上与纺织娘稍稍有些不同。日本纺织娘生活在我国的华东地区以及日本的九州地区。有趣的是，这种纺织娘的翅具有绿色和褐色两种颜色，而且具有这两种翅色的数量在自然界中的比例差不多。

◑ "朝生暮死"的蜉蝣

初夏的黄昏时分，人们常常可以看到一种体长仅 2~4 毫米的小型昆虫在空中飞舞，这就是蜉蝣。它们成群结队、无声无息、嬉于水面，舞着轻纱般的薄翅，飞升空中，远眺隐隐好似一块丝巾在空中飘浮。

古今中外，都习惯于把蜉蝣作为"朝生暮死"的同义词。相传古希腊学者亚里士多德观察蜉蝣在空中飞翔时，见其顷刻坠落而死，就认为它们"仅有一天生命"；又见其飞行的姿态酷似在水上漂游，便把它称为"蜉蝣"。英国人则称其为"一日虫"。我

蜉　蝣

国的古人早在 2 000 多年以前就已经发现它"朝生暮死"，寿命极为短促。《诗经》中写道："蜉蝣之羽，衣裳楚楚。心中忧矣，于我归处。"此后，一直到明朝的《本草纲目》也有类似的说法："蜉蝣水虫也，状似蚕蛾，朝生暮死。"不仅如此，古人还常在文学作品中提到它，用以感叹生命的短暂，告诫人们珍惜时间。

事实上，蜉蝣属于不完全变态昆虫，它的一生要经过卵、稚虫、亚成虫和成虫等四个阶段。如果只计算成虫的寿命的话，古人对蜉蝣的观察是正确的，它的确是个"短命鬼"，从变为成虫时起，到生命结束止，最多的存活不到一天，少的仅仅只有几个小时。在昆虫世界里，成虫寿命最短的就数它

拓展阅读

蚂蟥

蚂蟥，又称（水）蛭，不过不一定生活在水中，是环节动物门蛭纲的一类动物，在野外草地中蚂蟥有时会被误认为蛞蝓。蚂蟥的头部有吸盘，叮咬时，所分泌的唾液具有抗凝功能，并有麻醉作用，一但附着在皮肤，不容易感觉到。蚂蟥叮咬人或动物时，用吸盘吸住皮肤，并钻进皮肉吸血，且吸血量非常大，是其体重的 2～10 倍。蚂蟥属雌雄同体动物，能耐饥饿。

了。不过，它的寿命如果要从稚虫算起的话，古人的看法就不对了。蜉蝣变成成虫以前，要在水中度过几个月甚至几年漫长的时光。这样长的寿命，在昆虫世界里不但不能算是"短命鬼"，而且还应该说是长寿者呢。

蜉蝣的卵产在水里，一般经过 7～14 天便孵化成稚虫。稚虫在水中靠吃植物、藻类为生，也捕食一些水中的小动物，如石蛾、石蝇、蚂蟥和螯虾等，这样不断地在体内积贮营养物质，供以后发育为成虫时交配产卵用。在 1～3 年的漫长时光里，稚虫一般需要蜕皮 20 多次，身体才能逐渐长大，直到长出翅芽，变为亚成虫

蜉蝣又叫一日虫

的时候，它们才顺着水草爬出水面，在水边的草丛或石块上蜕去暗淡的"旧

衣"，换上洁白透明的"新装"，变成成虫，展翅飞到空中。在发育成成虫以前，还需要一天时间经过一次蜕皮。因此，所谓蜉蝣的"短命"，仅仅是指它的成虫而已。古人没有细致地观察到蜉蝣的一生，不知道它稚虫阶段的生活经历，只看到它生命历程的最后一段，所以才把它错认为"短命鬼"。

蜉蝣属于不完全变态昆虫

由于蜉蝣成虫的寿命十分短暂，所以它们十分珍惜这段时光。蜉蝣成虫口器退化，既不吃，也不喝，消化器内像气球般充满了空气，使它们能轻易地升到空中，急急忙忙飞聚到一起择偶婚配、产卵繁殖。雄蜉蝣的长相很特别，有着一对颀长、细细的前足，形成其独特的形象特征。蜉蝣在空中是一边"婚飞"，一边交配的。大多数蜉蝣"婚飞"的时间是在下午或傍晚，雄蜉蝣用它那独特的前足抱住雌蜉蝣的前胸，显得十分亲热。这时，雌蜉蝣就会把腹部后面的尾丝向后伸直，而雄蜉蝣则立刻将自己的尾丝向前方伸展。就这样，它们一起亲热地共度这段短暂的"蜜月"时光。然而好景不长，不到半分钟，它们便双双下降，到达地面时双方立即分开。不久，雄蜉蝣便走完了生命的旅程，体力消耗殆尽，默默地死去。雌蜉蝣则从腹部到头部都充满了卵粒，数量多达 2 000~3 000 粒。产卵之后，雌蜉

蜉蝣是一种古老而原始的昆虫

蝣轻柔的身体也犹如缓缓散落的雪花降落到水面或地面，悄然无声息地死去。

蜉蝣是属于蜉蝣目的昆虫，全世界已知有 2 250 多种，我国已知有 250 多

种。蜉蝣其实是一种古老而原始的昆虫。根据化石考证，在距今约3亿年晚石炭纪地层中就发现有一直延续至今的4个目（蜉蝣目、直翅目、蜚蠊目和缨尾目）的昆虫。由于无翅昆虫是有翅昆虫的祖先，而无翅昆虫如缨尾目昆虫的腹部分布有3条长尾丝，但是在现代有翅昆虫中，唯独蜉蝣还保持着2～3根这样的尾丝，因此可以通过对蜉蝣的研究来推测昆虫从无翅到有翅的进化过程。

蜉蝣幼虫是水中天然过滤器

蜉蝣还是检测生态环境质量的指示物种。有些种类蜉蝣的稚虫喜欢在含氧量较低、二氧化碳含量较高、有毒物质较多的水域中生活；有的稚虫则喜欢在含氧量较高、二氧化碳含量较低、有毒物质较少的水域中生活。因此，蜉蝣稚虫的种类和数量可以作为判别水域中水质污染程度的指标之一。

蜉蝣的稚虫还是水中的天然过滤器。在它们的体内有7对功能发达的过滤器官，水从第一对过滤器进入，逐次经过各对"过滤器"。蜉蝣不断地抽取水中的氧气，消化水中的有机杂质，这样从最后一对"过滤器"中滤出的水便是清净的水。

广角镜

石炭纪

石炭纪是地球历史中的一个地质时代。石炭纪的名字来自于上石炭纪时期在全世界各地形成的煤。它从3.55亿年前开始，延续到2.9亿年前。它与二叠纪和泥盆纪之间的边界年代主要是通过放射性同位素断代来划分的。古生物学上的细节划分一般使用海生动物，陆地植物也被用来对上石炭纪作细节划分。

为后代而激烈竞争的豆娘

豆娘又叫小蜻蜓，体长为 3～3.5 厘米。与蜻蜓相比，它的胸部以上部分既细又长，前后翅大小一致，称为均翅，而足却比蜻蜓粗大而且长。豆娘最明显的特点是在头部的两旁具有两只巨大的复眼，两眼的距离大于眼的宽度，仿佛两个大灯笼，显得十分突出。

豆　娘

豆娘是属于蜻蜓目束翅亚目的昆虫，全世界已知大约有 3 000 多种。它们和蜻蜓一样，可以归属于昆虫世界中的古老的类群。它们的历史可以追溯到 3 亿年以前，当时地球上的煤层正在形成的过程中。

豆娘有高超的飞行特技

豆娘的飞行完全可以与进行特技飞行的飞机相媲美。它们的翅肌重量超过了其体重的 3/4，而这些肌肉正是它们 4 个宽大翅的动力源泉。不过，与蜻蜓相比，豆娘的飞翔能力还是弱一些。在停歇时，豆娘大都会双翅合并束置在胸的上方，而蜻蜓则四翅平展在身体的左右两侧。豆娘与蜻蜓一样，依赖其敏锐的视力在空中和陆地上捕捉各种小昆虫为食，取食地点一般是在池塘、小溪或沼泽地附近。由于这些小昆虫大多都是危害农作物的害虫，因此，豆娘也是农业上的重要益虫。

在繁殖之前，雄豆娘需要占据一片领地给它提供大量的与雌豆娘交配的机会，这片领地一般为一片开阔的水域，可以供雌豆娘产卵。雄豆娘十分活跃，依靠消耗体内脂肪所提供的能量来巡查和保卫自己的领地，这一过程要持续 10 天左右。

雄豆娘用它们细长身体的末端体节来产生精子，然后将精子运送到位于雌豆娘胸部后方腹部下面的贮藏室中，这个运输过程是通过将腹部弯成环状，然后把其端部折回到贮藏室的开口处来完成的。

基本小知识

脂 肪

脂肪是室温下呈固态的油脂，多来源于人和动物体内的脂肪组织，是一种羧酸酯，由碳、氢、氧三种元素组成。与糖类不同，脂肪所含的碳、氢的比例较高，而氧的比例较低，所以发热量比糖类高。食用脂肪是人可直接食用或烹调的油脂，主要成分是三酸甘油酯，也就是中性脂肪。脂肪是常见的食物营养素之一，亦是三种提供能量的营养之一。

一般来说，雄豆娘的数量要比雌豆娘多很多。在它们的繁殖地，当几乎所有的雌豆娘都配了对时，还有大约一半以上的雄豆娘尚未找到配偶，因此，雄豆娘之间的竞争非常激烈。有的雄豆娘常常拦截正在空中飞行的雌豆娘，有的雄豆娘则采取干扰已配对豆娘的方法，使其无法完成交配，伺机取代那只已配对的雄豆娘。当然，如果能寻找到未婚配的雌豆娘就更好了，这样就可能更容易获得繁殖的成功。

有趣的是，雄豆娘体型的大小与其交配成功率之间不存在相关性。虽然体型较大的雄豆娘在竞争中略占优势，但也更容易遭到蜘蛛、蜻蜓或青蛙等天敌的捕食，而体型较小的雄豆娘更容易免遭捕食并能活到下一天，于是就能获得更多的交配机会。

　　为了能够成功地进行交配，雌雄两性都需要具有灵活的身体。在豆娘的交配过程中，独特的舞蹈表演既复杂又优雅。当一个合适的雌豆娘来到雄豆娘的领地时，雄豆娘就立即用其"尾巴"端部的一对抱茎卷须抓住雌性的胸部，这种奇特的交配技巧使它们可以在雄豆娘的带领下一前一后地飞行了。

豆娘的舞姿复杂优雅

　　为了留下自己的后代，雄豆娘之间的"精子竞争"更是十分激烈。它们的性器官也在为确保自己的父权斗争中起了十分重要的作用。雄豆娘生殖器的结构十分奇特。不仅形状与雌豆娘的贮精囊很匹配，而且在其端部有一根形状像一个铲子一样的鞭毛，它就是在释放精子前首先发挥作用的"工具"。雄豆娘首先做出一阵有节奏像是用气筒打气般的动作，直到鞭毛到达雌豆娘的贮精囊，然后用这根鞭毛清理干净雌豆娘先前与另外一只雄豆娘交配后遗留下来的所有精子。在某些豆娘中，这种行为占据了它们整个交配过程中 90% 的时间，一般持续大约几个小时。只有当雄豆娘彻底地将其配偶的贮精囊里的精子全部清理出去以后，它才会释放出自己的精子。

豆　娘

豆娘的发育和其他蜻蜓一样，需要经过卵、稚虫、成虫3个阶段。雌豆娘常将卵产在水边植物的叶子上，列成一排，稚虫孵化出来后掉在水里，就在水中生活，以捕食水中的小虫为生。豆娘的稚虫在腹部末端有3条尾鳃，这是它的呼吸器官。豆娘的稚虫体型比较小，不如蜻蜓的稚虫粗壮，而且比蜻蜓的稚虫发育快，只需1年多时间就可发育为成虫。即使如此，豆娘仍然是以水栖稚虫的状态度过它们生命中的大部分时间。

知识小链接

精 子

精子是男性或其他雄性生物的生殖细胞，最初由雷文霍克于1677年观察到。精子与卵子结合从而形成受精卵，进而发育为胚胎。对后代（二倍体）而言，精子细胞提供大约一半的遗传物质。在哺乳动物中，后代的性别由精子决定：含有Y染色体的精子受精后发育为男性/雄性后代（XY型），含有X染色体的精子受精后发育为女性/雌性后代（XX型），卵子只提供X染色体。

▶ 能使用"击拍语"的石蝇

石蝇不仅体型与苍蝇完全不同，而且也不是蝇类的近亲。石蝇是属于襀翅目的昆虫，全世界已知有2 300多种，我国已知有300多种。它们是一类较古老的原始昆虫；体型较大或中等，体长一般为5～90毫米，身体柔软，细长而扁，多为黄褐色，或黑色；头部宽阔，触角很长，呈长丝状，至少等于体长的一半，多节；复眼发达，单眼2～3个，也有消失者；口器为咀嚼式，较软弱，上颚正常或呈痕迹状，很像蝗虫。

它们的前胸为方形，发达，能活动；中、后胸构造相似，等大。多数种类的成虫具膜质翅2对，后翅常大于前翅；前翅狭长，半透明，似覆翅；后

石　蝇

翅臀域发达；翅脉多，变化大，中肘脉间多横脉；静止时呈扇状折叠，四翅平叠于体背。少数种类无翅或雄性短翅。足多细长而扁，跗节 3 节，有 2 爪及爪间突。

腹部 11 节，第十一节极小。具有丝状多节的尾须 1 对。雌石蝇无产卵器；雄石蝇外生殖器复杂，由第九、十、十一腹节组成。

石蝇飞行能力不强，多数无法长距离飞行。它们一般栖息于溪流、湖畔等附近的树干上、岩石上或堤坡缝隙间，部分植食性，取食植物嫩芽，但食量不多，有些种类则不取食。雄石蝇的求爱方式很特别，它会用腹部末端敲击附着物，产生击拍的声音信号，招引雌石蝇前去幽会。未交尾的雌石蝇会识别这种独特的"爱情"信号，在听清这是同一种类的"情郎"正在向自己求爱时，雌石蝇才会作出回应。于是，雌雄石蝇便在地面、杂草和树枝上进行交配，繁殖后代。

石蝇的变态类型为半变态，幼虫和成虫的形态、生活习性皆不同，幼

石蝇不能长距离飞行

虫水生，成虫陆生，此类幼虫称"稚虫"。卵球形或方形，有的卵表面有丝状物。雌石蝇产卵于水中，一只雌石蝇一生产卵达数百至一千粒以上，多者达

5 000～6 000 粒。石蝇大多数种类的稚虫在成熟后会爬离水面羽化为陆栖成虫，在溪流边的巨石上时常可以看到石蝇稚虫羽化之后留下的蜕。小型种类 1 年 1 代，大型种类需 3～4 年 1 代，蜕皮 12～36 次，多在 20 次以上。

拓展阅读

苔 藓

苔藓植物，属于最低等的高等植物，无花，无种子，以孢子繁殖。全世界约有 23 000 种苔藓植物，中国约有 2 800 多种。苔藓植物门包括苔纲、藓纲和角苔纲。苔纲包含至少 330 属，约 8 000 种苔类植物；藓纲包含近 700 属，约 15 000 种藓类植物；角苔纲有 4 属，近 100 种角苔类植物。

石蝇稚虫头、胸、腹之分节明显，腹部分为 10 节；触角是细长丝状，有翅种类至终龄时常具翅芽；腹末具有 1 对尾毛。它们喜欢栖息于有明显水流、氧气充足的山区溪流中的石下沙粒与水草中，寒冷的湖泊和水塘也是北方或高海拔地区种类适宜的生存环境。它们以体壁及腹部成束的气管鳃呼吸，捕食蜉蝣稚虫及摇蚊、蚋等的幼虫或其他水生小动物等，或取食水中的植物碎屑、腐败有机物、藻类和苔藓等。有趣的是石蝇稚虫在攻击猎物时有一定的互动程序。稚虫首先接近猎物，待猎物一移动，稚虫便以猎物的反应模式来判定是否要攻击或放弃。当石蝇稚虫攻击正在移动中的猎物时，并非用视觉来寻找猎物，而是通过探测水波的变动和猎物的游泳模式来判定是否捕食。不少种类的石蝇稚虫于秋季、冬季或早春羽化，羽化时间整齐，在一个地区常可发现不少种类的季节更替现象，还有部分种类飞翔交配于冰雪之上，为其他昆虫所罕见。

由于它们对水体污染非常敏感，溪流中石蝇稚虫存在与否，可作为监测溪流是否污染的信息。石蝇因此成为小溪和河流水质的指示昆虫。

📷 会飞的花朵——蝴蝶

蝴　蝶

"蝴蝶飞，蝴蝶舞，长于百花争芬芳"。蝴蝶由于其美丽的外衣、优雅的舞姿而深受人们的喜爱。它是大自然的骄子，美的化身，吉祥如意的象征。每当看到花草丛中翩翩起舞的彩蝶，总会唤起人们无穷无尽的幻想，多少文人墨客为它痴狂。

蝴蝶的身体分为头、胸、腹三部分，还有两对翅、三对足。由于在头部有一对锤状的触角，所以蝴蝶又被冠以"锤角"的美名。蝴蝶具有虹吸式口器，不用时可以蜷曲在头的下面。蝴蝶的胸部细分为前胸、中胸和后胸。中胸和后胸各有一对翅，称为前翅和后翅。翅由翅膜和脉翅组成。翅的上下面都有密生的鳞片，鳞片上有不同颜色的星点斑纹，所以看上去十分美丽。

蝴蝶拥有一对美丽的翅，是善于飞行的昆虫，它们飞翔高度的最高记录为 5 000 米左右。蝴蝶飞舞得那么优雅协调，它的两对翅是怎样保持一

蝴蝶拥有一对美丽的翅

致的呢？其实，这主要是靠前后翅连锁结构的作用。蝴蝶后翅的肩区扩大，并多由亚前缘脉近基部长出 1 支肩脉，以加强翅基部的强度，飞行时用于抵住前翅后缘的基部，这种连接方式称为翅抱型。

许多种类的蝴蝶是群居飞行的。早在 1933 年，上海《新闻报》曾有过下列一段记载："民国二十二年（1933 年）5 月 22 日下午，天阴，云南昆明，距市东方 40 里之大板桥镇忽有白蝶数千万漫空蔽野，由东面飞来遍布于该镇之亩林木及木屋角墙壁等处，白茫茫毫无空隙。居民迷信太深，怕惊动神迹，不敢捕捉，且知

斑纹蝴蝶

识有限，又不知此蝶之名称。此蝶群休息二小时后，又行起飞，径往西方省城飞去。"当时该镇的人是这样描述的："此蝶类纯系白质，大小翅上，各有黑斑一二小点。最奇者其数约有千万，并无他种色彩掺入其中。"由这段记载，人们就可以了解蝴蝶集群规模之一斑。

凤尾蝶

不过，大群蝴蝶的群居飞行还是比较少的。无论是在城市或是郊区的花园、水塘、河流边，人们能见到的蝴蝶多数是 1 只或者 2 只，最多是 3 ~ 5 只在一起，跳舞婚配，很难见到群居飞行的场面，更不用说大规模的迁徙飞行。

人们通常总是会把蝴蝶和阳光及风和日丽的夏天联系在一起。蝴蝶昼间活动，夜间休息。白天活动的时间多在上午 10 点至下午 3 点，不过，它们在中午烈日下也很少活动。夜间蝴蝶一般喜欢单独栖息，也有少数种类仍然群居，共同选择安静的地方，如树皮上、树叶下、岩石下，都是蝴蝶理想的栖息环境。一些种类的蝴蝶还具有保护色，例如枯叶蛱蝶休息时将两对翅树立合拢，露出反面，翅的形态、斑纹、色泽与一片枯叶的形态、颜色十分接近，有的甚

至可以拟态成叶子的叶脉叶柄和类似锈病的斑点，成为生物学上最著名的保护色案例。

蛱　蝶

蝴蝶是需要充足营养的昆虫，必须满足营养需要，性器官才能发育成熟，而且还要提供飞翔所需的能量。如果缺乏营养，蝴蝶的繁殖就会减少，活动能力减弱。所有的蝴蝶都是吸吮汁液状的食物，大多数种类以花蜜、清水、果汁、树液或者是腐烂发酵的液体食物为食。不同种类的蝴蝶，其活动的场所和环境也不同，大多与它们的食性有关。例如，凤蝶大多数是食花蜜的，经常在花丛中。粉蝶也是喜食花蜜的，生活在草原和平原地带。眼蝶多数在晨曦和傍晚活动，栖息在咸水或潮湿处吸食花蜜。蝴蝶有时还会飞到人的肩上，吸吮人脖子和面部的汗水。在一些牲畜的尿液、粪便周围，也常有蝴蝶出没。河水、湖泊中如果水里有很多的鱼，鱼水的腥味也是蝴蝶喜欢的，花椒粉蝶就经常停留在水边或者在被打捞上岸的鱼上。有些弄蝶可以进食干涸的食物，它的方法是通过直肠排出清凉的液体，将干

枯叶蝶

枯叶蝶学名枯叶蛱蝶，属鳞翅目蛱蝶科。枯叶蝶前翅顶角和后翅臀角向前后延伸，呈叶柄和叶尖形状。翅褐色或紫褐色，有藏青光泽，翅中部有一暗黄色宽斜带，两侧分布有白点，两翅亚缘各有一条深色波线。翅反面呈枯叶色，静息时从前翅顶角到后翅臀角处有一条深褐色的横线，加上几条斜线，酷似叶脉。翅里间杂有深浅不一的灰褐色斑，很像叶片上的病斑。当枯叶蝶两翅并拢停息在树木枝条上时，很难将之与要凋谢的阔叶树枯叶相区别。

涸的食物溶化，然后用口器吸吮溶有食物的液体。

视觉对于蝴蝶是很重要的，但并不是人们想象的那样敏锐。尽管有美丽的外表，但蝴蝶的视力却相当于近视，而且不能判定方向。不过，虽然蝴蝶的视力可能不算很好，但却能看见360°全方位的物体，无论是水平方向的还是垂直方向的，这样就可以

风 蝶

灵巧地躲避捕食者。在一些蝴蝶的翅上具有鲜明图案，主要是起到警戒色的作用，用于惊吓饥饿的鸟类，而不是用于吸引异性。真正吸引雌蝴蝶的是雄蝴蝶翅上闪光的鳞片。这些眩目的眼斑图案可以反射紫外线，当雄蝴蝶振翅时会产生一种紫外线频频闪动的效果，再与带着浓浓信息素的气味结合在一起，就可以不折不扣地迷住雌蝴蝶。

蝴蝶翅的图案有警戒色作用

蝴蝶属于完全变态的昆虫类型，一生要经历卵、幼虫、蛹到成虫4个不同阶段。交配后，雌蝴蝶将卵产在幼虫一出生就能立即吃到的食物旁边，如植物的嫩芽、嫩叶、花蕊以及水分充足的果实等。幼虫一般经过5个龄期才能长大。从1龄期开始，每蜕一次皮加一个龄期。当幼虫生长发育进入终龄期时，就停止进食，寻找一个地方

为化蛹吐丝做蛹台，把身体悬挂起来开始化蛹。蛹期是蝴蝶的转变时期，经过这个时期，蛹就可以变成蝴蝶了。蝴蝶的生命从产卵开始、经过幼虫、蛹期到成蝶死亡，长者1年，短者仅1个月。从羽化到死亡一般仅有1周的时间。

蝴蝶是属于鳞翅目、锤角亚目的昆虫，全世界已知有14 000多种，我国

有 1 300 多种。由于飞翔能力很强，因此蝴蝶在地球上的分布十分广泛，除了南北两极寒冷地区以外，到处都有它们的踪迹，可以生存在各种各样的生态环境中，同时也就进化出许多适应不同环境类型的种类，也出现了一些异常的个体和畸形，如雌雄同体的蝴蝶，它们具备了雌雄两种形状，这种个体称为雌雄同体或阴阳蝶。

蝴蝶双栖于枝头

▶ 有"彩蝶王"之称的君主斑蝶

君主斑蝶也叫黑脉金斑蝶、帝王蝶，是属于鳞翅目斑蝶科的一种昆虫，也是美国的"国蝶"。它的体型较大，有着耀眼的红色双翅，翅上还布有一些黑色的管状血脉，周围则镶嵌着两圈白环，有的则在褐色的翅中带有微红，镶着黑边。君主斑蝶不仅具有纤巧美妙的身躯和神奇的雍容仪态，而且能够像候鸟一样，随着季节的变换进行长途迁徙，真可谓蝴蝶家族中的佼佼者。它宛如一个"长途飞行家"，每当冬天来临之前，就纷纷结群，从寒冷的北美洲加拿大北部出发，飞到中美洲去过冬，整个旅程可达

拓展阅读

赤　道

赤道是地球表面的点随地球自转产生的轨迹中周长最长的圆周线，长40 075.02千米。如果把地球看作一个绝对的球体的话，赤道与南北两极的距离相等。它把地球分为南北两半球，其以北是北半球，以南是南半球。赤道是划分纬度的基线，其纬度为0°。

4 500 千米左右。翌年春天，它们又成群结队，浩浩荡荡地飞向北方，历时几个月。它们通常在长满一种叫作"马利筋"的植物的田野里停下来，把卵产在马利筋上。幼虫在经过 4 次蜕皮之后化为蛹。过几个星期，蛹变得通体透明，里面的翅清晰可见。最后破蛹而出，羽化为成虫。

君主斑蝶

每当君主斑蝶迁飞时，就像一支浩浩荡荡的旅行队伍，很有组织地向一定方向行进，如行云一般，遮天蔽日。有人曾测算过它们的数量，竟达 300 多亿只。

在途中，雄君主斑蝶总是以护卫和导游的身份，在雌君主斑蝶的周围形成一道屏障。它们黎明起飞，日行夜宿，从不偷懒苟息，不畏长途艰险，敢于飞越高山大洋。尽管有时行进中的队伍受高空强风吹袭时聚时散，有的落伍，有的死去，但终不改其志，仍继续保持强大的阵容，向着既定的目的地飞去，高山、大河、沙漠、海洋都莫之奈何。千百万只君主斑蝶在碧空长天中，与飞云竞驰，

君主斑蝶是美国的"国蝶"

和流霞争艳，远远望去，蔚为奇观。因此，人们把它誉为"彩蝶王"。

据说，最早发现蝴蝶进行长距离迁徙的人是航海家哥伦布。他在环球旅行的途中，曾见到成千上万只蝴蝶结队飞行。

**基本
小知识**

哥伦布

　　哥伦布是意大利航海家，一生从事航海活动，先后移居葡萄牙和西班牙，相信大地球形说，认为从欧洲西航可达东方的印度。在西班牙国王的支持下，他先后4次出海远航（1492—1493，1493—1496，1498—1500，1502—1504），开辟了横渡大西洋到美洲的航路，先后到达巴哈马群岛、古巴、海地、多米尼加、特立尼达等岛。在帕里亚湾南岸首次登上美洲大陆。他考察了中美洲洪都拉斯到达连湾2 000多千米的海岸线，认识了巴拿马地峡，发现和利用了大西洋低纬度吹东风、较高纬度吹西风的风向变化，并且证明了大地球形说的正确性。

　　不可思议的是，这些迁飞的蝴蝶个个目标明确，直飞目的地，从不开小差，并且每年定期在固定的两地之间迁飞，不会错走他乡。对于这个难解之谜，现在已经有了多种科学的解释。

　　有一种解释认为，迁飞是蝴蝶对当时不良环境条件的直接反应，如食物缺乏、天气干旱、繁殖过剩、过分拥挤等。例如，蝴蝶在成虫羽化的时候，如果它寄生的植物不能提供较佳的食物来源，它就会迁飞，去寻找合口的美味。相反，如果它寄生的植物已能满足它的需要，它就不迁飞了。

君主斑蝶擅长距离飞行

　　还有一种解释认为，光照周期、温度、种群密度、食物条件的不同，都会使蝴蝶在生理和飞行能力上产生明显的分化。某些环境条件的变化会影响到蝴蝶的个体发育，致使它们发育成为一种迁飞型的蝴蝶。这些迁飞型的蝴蝶往往在形态、生理状况和行为方面与居留型的蝴蝶有明显的不同。

　　那么，这些看上去弱不禁风的蝴蝶，为什么有飞越崇山峻岭、漂洋过海、航程数千千米的巨大能量呢?

有的科学家认为,蝴蝶如此擅长迁飞,主要是靠风力。研究发现,许多迁飞昆虫,其迁飞的方向均为顺风方向,迁飞的时间和季风同步,也就是说,蝴蝶是随季风由南到北、由东到西迁飞的。

君主斑蝶翅纹艳丽

但事实上,上述的迁飞现象,只是风载型迁飞蝴蝶的表现。而真正的蝴蝶迁徙,其迁飞方向和路径都不会受到季风的左右。它们有很强的自控能力,可以逆风或横切着风向飞行,最终到达它们的目的地。

有趣的是,有的科学家认为蝴蝶迁飞时使用了先进而节能的"喷气发动机原理"。他们使用高速摄影机摄下了一种蝴蝶迁飞的情况,惊奇地发现,这些蝴蝶在飞行中竟有 1/3 的时间双翅是贴合在一起的。它们巧妙地利用翅的张合,使前面一对翅形成一个空气收集器,后面一对翅则形成一个漏斗状的喷气通道。蝴蝶在每次扇翅时,喷气通道的大小、进气口与出气口的形状和长度以及收缩程度都有序地变化着。两翅之间的空气由于翅连续不断地扇动而被从前向后挤压出去,形成一股喷气气流。一部分喷气气流的能量用以维持飞行的高度,另一部分喷气气流所产生的水平推力则用来加速。

另外一个问题是,蝴蝶

你知道吗

什么是生物钟

生物钟又称生理钟,是生物体内的一种无形的"时钟"。它实际上是生物体生命活动的内在节律性,由生物体内的时间结构序所决定。通过研究生物钟,目前已产生了时辰生物学、时辰药理学和时辰治疗学等新学科。可见,研究生物钟,在医学上有着重要的意义,并对生物学的基础理论研究起着促进作用。

君主斑蝶迁飞时间与季风同步

在天空中是靠什么来定向导航，克服种种恶劣天气，奔向目的地的呢？科学家发现，有的蝴蝶在迁飞时总是与太阳方位角保持恒定的角度。白天，太阳方位角随时间而变化，蝴蝶的迁飞方位也随之变化，这种变化是通过蝴蝶体内的生物钟来调节的。例如，假如在它们是向着太阳飞行的话，到了下午它们就调整到背着太阳飞行了，但始终保持飞行路径接近一条直线，以便用最短的航程到达目的地。

　　科学家还在蝴蝶的头部和胸部发现了一些小的微磁粒，这些微磁粒很可能就是蝴蝶迁飞的"导航仪"或"生物指南针"。

　　对于君主斑蝶来说，最近科学家已经发现了它们身上控制生物钟并可能解释它们进行迁徙活动原因的基因。这个基因的发现不仅有助于更好理解君主斑蝶的生理机能，还揭示了它们是采用了一种在其他动物身上从未见过的一种新的分子机构。

君主斑蝶又叫"帝王蝶"

　　从前，科学家曾经对果蝇的生物钟进行了研究，并且发现了一个大约 24 小时周期的蛋白质生产和破坏机制，此外还找到了控制这个过程的因素。其中一个因素是晶状体蛋白 CRY，它和太阳光一样对动物生理节奏体系至关重要。在这些研究基础上，科学家认为君主斑蝶的生物钟应该和果蝇相似。

　　但基因研究发现，君主斑蝶身上不仅有 CRY 蛋白，还有另一个晶状体蛋白，这是君主斑蝶身上新的"生理节奏分子"，它被命名为 CRY2。科学家认为，CRY2蛋白可能代表着君主斑蝶生物钟和它的太阳光方向感之间的重要神经联系，而这两个因素是君主斑蝶辨认方向和迁徙的必需因素。另外，科学家还发现了控制君主斑蝶迁徙的基因作用过程，今后还可能会进一步找到迁徙和不迁徙蝴蝶在脑部结构上的差异。

君主斑蝶飞行靠"生物指南针"

君主斑蝶在漫长的旅途中，也不可避免地遭受到天敌的侵袭和扰乱，特别是那些食虫鸟类的窥视。但是，在君主斑蝶的身上有一种无形的武器——毒素。原来，它们将卵产在有毒植物——马利筋上之后，破卵而出的幼虫就把植物汁液中的有毒物质和食物一齐吞入体内。这些毒物在由幼虫到蛹和成虫的过程中，又在体内得到了积累。如果

君主斑蝶体内有一种毒素

鸟儿捕食这些君主斑蝶，它们体内含有的毒素就会像呕吐剂那样对捕食它们的鸟儿产生影响，甚至导致血液循环受到阻碍，心脏麻痹，直至因中毒而死亡。君主斑蝶通过食用对鸟类有害的有毒植物来保护自己，而马利筋为了保护自己免遭食用，也在不断地加大自身的毒性，反过来又促使君主斑蝶不断提高自身的抗毒能力，从而保护自己不受毒性影响。

有趣的是，在君主斑蝶的身上有一个区别于其他蝴蝶的显著特征，即头部和胸部的白色斑点图案，而食虫鸟类正是根据这种图案来识别出它们，以避免误食中毒的。这是动物通过警戒色来保护自己的一个著名的例子。

我国蝴蝶中的瑰宝——中华虎凤蝶

中华虎凤蝶堪称我国蝴蝶中的瑰宝。它的体表及膜质翅上都被有鳞片和毛，身体为黑色，胸背及胸侧生有浓密的棕色毛列，贴身的后翅外缘生着灰色羽绒状毛丛；口器特化为虹吸式的喙，不用时作螺旋状卷曲；复眼发达；触角末端膨大，呈棒状；它有两对翅，休息时竖立在背上。最具特色的是在有黄色衬底的圆形前翅上，背表白前缘向后翅延伸着7根像虎斑一样的粗黑条纹，它与背表缀着黄、红色新月斑和蓝色圆斑的后翅和谐地结合起来，再配以凹进的肛角与尖细的燕尾，形成一幅自然天成的杰作。

中华虎凤蝶

中华虎凤蝶是属于鳞翅目凤蝶科的一种昆虫。它是我国的特产动物，分化为2个亚种，其中指名亚种分布于江苏、浙江、安徽、江西、湖北、河南等地；华山亚种分布于陕西的华山、太白山等地。

中华虎凤蝶喜欢生活在光线较强而湿度不太大的林缘地带，飞翔能力不强，也没有其他凤蝶所有的那种沿着山坡飞越山顶的习性，因此只在特定的狭小地域内活动。它属于狭食性动物，经常寻访的蜜源植物主要有蒲公英、紫花地丁及其他堇科植物，也

中华虎凤蝶飞行能力不强

飞入田间吸食油菜花或蚕豆花蜜。日落前后就栖息于低洼沼泽地段的枯草丛中，体表的色彩和条纹形成的警戒色可以使其在错杂的枯草背景上难以被天敌所发现。

基本小知识

蒲公英

蒲公英属菊科多年生草本植物，头状花序，种子上有白色冠毛结成的绒球，花开后随风飘到新的地方孕育新生命。蒲公英植物体中含有蒲公英醇、蒲公英素、胆碱、有机酸、菊糖等多种健康营养成分，有利尿、缓泻、退黄疸、利胆等功效。蒲公英同时含有蛋白质、脂肪、碳水化合物、微量元素及维生素等，有丰富的营养价值，可生吃、炒食、做汤，是药食兼用的植物。

中华虎凤蝶属于完全变态的昆虫，1年生1代，一生要经历卵、幼虫、蛹、成虫等4个阶段。中华虎凤蝶每年3月上旬便从地点十分隐蔽的越冬蛹中羽化出来。这时蛹壳裂成两大一小的三片，紧裹着翅的成虫爬出蛹壳，胸部伸出6个足，触角慢慢地伸展开来，整个过程大约需要50多分钟。雄中华虎凤蝶的体型较小，羽化后即开始寻找雌中华虎凤蝶进行交配。有趣的是交配后的雌中华虎凤蝶的尾端便生出一片直径约有5毫米的棕色薄圆片，叫作交配衍生物，以防其再次交配。中华虎凤蝶的雄雌的比例大约为1:4，由于雄中华虎凤蝶较少，雌中华虎凤蝶又有交配衍生物出现，所以雄中华虎凤蝶可以进行多次交配。雄中华虎凤蝶的寿命为17～20天，3月至4月初便全部消失。雌中华虎凤蝶的寿命为22～25天，要到4月上、中旬产完卵后才死去。

中华虎凤蝶属于完全变态昆虫

　　雌中华虎凤蝶仅产卵于杜蘅等马兜铃科细辛属的多年生败花或无花瓣类草本植物上，这些植物散生于阴湿的林下或草丛中，有高出地面 10 厘米左右的淡紫色细嫩茎，一茎一叶，叶片为肾形，4 月开钟状的花，顶端三裂，内有暗紫色的脉纹，并不引人注意。但其叶片能发出芳香气味，需要产卵的雌中华虎凤蝶可能就是凭借嗅觉找到这些植物的。雌中华虎凤蝶在产卵时用 6 只足紧紧抓住叶片的边沿，四翅微微分开，将有生殖板片的腹部慢慢地、小心地弯到叶背面，使腹部钩成"U"字形，叶片边沿就夹在"U"字形的凹口里，然后用腹端接触叶的背面，将卵顺序粘在上面，每产下 1 粒，双翅便微微地抖动一下。它的卵近似圆球形，颜色青绿并微呈黄白色，直径为 0.92～0.96 毫米。每行卵排成一条直线，产完一行后再粘第二行，总共约有 4 行，20 余枚卵，在大约半小时内产完。在叶面上休息一段时间后，便再选一片叶子，进行第二次产卵。卵全部产完大约需要 1 星期，共产卵 130 余粒。

　　中华虎凤蝶与杜蘅等植物之间有着十分协调的关系，这也是蝴蝶中较为普遍的一种现象。杜蘅的叶芽出土几天以后，中华虎凤蝶便羽化出现。杜蘅的绿叶开始挥发香气时，中华虎凤蝶便来产卵，它的卵与杜蘅叶背的色调一致，既隐蔽又可避免阳光的直接照射。等杜蘅长得油绿肥嫩的时候，以其叶片为食的中华虎凤蝶幼虫便孵出卵壳。

　　幼虫约在 4 月下旬孵出，同一片叶上的卵几乎在同一时间顺利出壳。初生的幼虫不足 1 毫米长，体色与蚯蚓相似，大大的头上生着长长的刚毛。它们有群居的习性，孵出以后全部聚集在卵壳的附近，第二天便开始在杜蘅叶片背面的边沿，齐头并进地共同取食，到了夜晚就拥挤在叶下休息。在 1 龄蜕皮之前，它们比较安静，不活跃，也从不离开叶片。它们在阴雨天常回到空卵壳附近；而一受到透过叶面的光照，便又到叶缘去取食，秩序井然，从不混乱。幼虫的第一胸节背面有 1 枚分叉的橙色臭角，受到惊扰时突然伸出，并发出臭气。如果触动它们，便迅速落地呈假死状态，大约经过 20 秒钟以后，再慢慢地爬回原处。

长大后的幼虫体长 20 毫米左右，头黑褐色，满被长短不一的黑色长刚毛，单眼深黑光亮；头裂缝、额缝及蜕裂线臂淡褐色；身体为深紫黑色，前、中、后 3 胸节及第 1 至 8 各腹节上缀有深黑发亮的长刚毛丛 6 行，并且稀疏地生着约 4 列白色长毛，每列 10 余根；气门长椭圆形，为深黑色。它们通常在食物即将耗尽或在寄主植

中华虎凤蝶喜欢在杜蘅间产卵

物上觉得拥挤的时候，便纷纷离开，去寻找新的食物，这种行为叫做扩散。另外还有一种自然的扩散，这是为了寻找一个安全的地方蜕去旧皮。刚刚蜕皮的蛹柔软、丰满、白嫩，只在突起的头部和有翅翼印痕的胸部呈淡绿色。蜕皮后 3 天，由白变黄，再变为棕色，1 周以后成为棕灰色。长大后的蛹长 15 毫米左右，头端具 4 枚前突，胸部远较腹部为狭窄，腹部各节背部具 5 块四边呈咖啡色的矩形褐色内洼块，第一腹节背面有 1 对乳白色斑，腹部末端向腹面强烈弯曲。

乙型脑炎

流行性乙型脑炎简称乙脑，是由乙脑病毒引起、由蚊虫传播的一种急性传染病。乙脑的病死率和致残率高，是威胁人类特别是儿童健康的主要传染病之一。夏秋季为发病高峰季节，流行地区分布与媒介蚊虫分布密切相关。我国是乙脑高流行区，在 20 世纪 60 年代和 70 年代初期全国曾发生大流行，70 年代以后随着大范围接种乙脑疫苗，乙脑发病率明显下降，近年来维持在较低的发病水平。全世界病例数每年高达 50 000 例，死亡数 15 000 例。

由于大规模乱砍滥伐森林、喷洒农药及排放有害物质所造成的环境污染，使许多蝴蝶的栖息地遭到了严重破坏。对于中华虎凤蝶来说，由于它们对杜蘅等马兜铃科细辛属植物有较强的依赖性，一旦

这类植物被过多砍伐，中华虎凤蝶将先于它们绝灭。

▶ 吸血鬼——蚊子

　　蚊子是令人厌恶的害虫，它叮咬人、畜，是许多疾病的传染媒介。它是属于双翅目长角亚目的昆虫。全世界的蚊子已知大约有 3 300 种，我国已知大约有 350 种，其中能传播疾病的蚊子大体可分为三类：一类叫按蚊，翅上有斑纹，停息时腹部向上抬起，后足高举，俗名疟蚊，它主要传播疟疾；另一类叫库蚊，翅上无斑纹，常在室内或住宅附近活动，主要传播丝虫病和流行性乙型脑炎；第三类叫伊蚊，身上和足上有黑白相间的斑纹，又叫黑斑蚊或花蚊子，主要传播流行性乙型脑炎和登革热。

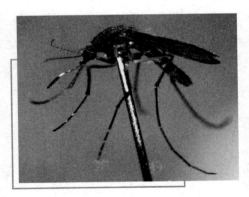

蚊　子

　　这三类蚊子的产卵习性有所不同。按蚊一般把卵产在清清的流水中，包括稻田、小河沟和多水草的池塘等地；库蚊多在污浊的积水中产卵；伊蚊则常在积有雨水的盆、罐和树洞里产卵。

　　蚊子的幼虫叫孑孓。孑孓变成蛹，外形像大逗点，昆虫里的蛹很少像它这样运动灵活的，常常在黄昏羽化成为成虫。古人云："蝇成市于朝，蚊成市于暮。"这正是说明傍晚是蚊子最活跃的时刻。

　　蚊子的头部有一对大的复眼，几乎占据了头部的 3/4，不但能够辨别物体，还可以区别颜色以及光线的强弱。蚊子多半是喜欢弱光的，不喜欢完全黑暗或有强光的地方。不过，不同种类的蚊子所喜爱光的强弱程度也有所不同，例如伊蚊多半白天活动，而库蚊和按蚊多半在黄昏或黎明时活动。

雌蚊子与雄蚊子的食性迥然不同。雄蚊子口的四周有一撮很密的硬毛，还有一圈软毛，仿佛长了胡须。它没有刺吸用的器官，只有一个弯曲的吸吻，不能吸血，只能吸食植物的花蜜和果子、茎、叶里的汁液，所以它们常在草丛花间活动。雌蚊子虽然偶然也尝尝植物的液汁，但是在与雄蚊子交配以后，就只有吸血，这样才

蚊子是疾病的传播者

能使卵巢发育。如果吸血不足，雌蚊子不仅产卵减少，而且这些卵有可能不能发育为成虫。雌蚊子触须上的软毛比较短，口器是由 6 根比头发丝还要细的细针组成的，就像钢针一样锋利。这 6 根细针，其中 1 根是食道管，1 根是分泌唾液的唾液管，2 根是像针一样能刺破皮肤的"刺血针"，还有 2 根是像锯齿一样能割开皮肤的"锯齿刀"。当雌蚊子吸血的时候，就把这 6 根针同时刺入人的皮下，既敏捷，又迅速，很难被人察觉。由于雌蚊的唾液里有防止血液凝固的物质，血液很快就会灌饱它的肚子。但是，残留在人皮肤里的雌蚊唾液会使皮肤形成肿块，不仅使人其痒难耐，还能因此传染上严重的疾病。

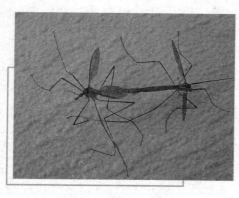

蚊子的嗅觉非常灵敏

在黑暗中，蚊子是怎样找到吸血对象的呢？首先蚊子的嗅觉非常灵敏，它能闻到皮肤表面排泄物和代谢物的气味。天色垂暮时，蚊子开始飞入室内，准备就餐，它有时静踞墙角，养精蓄锐，有时低飞盘旋，寻找猎物。它对二氧化碳的浓度也很敏感，居住室内的人呼吸时不断吐出二氧化碳，蚊子察觉二氧化碳浓度增多后，就减少静坐休息的时间，增多空中巡飞

的次数。巡飞是盲目的，它视觉不发达，难以看到物体，然而它的红外线探测功能却能帮助它搜寻吮吸的目标。

温暖潮湿的环境对蚊子也有很大的吸引力。热血动物皮肤的温度比周围空间高，温差足以产生对流的气流。皮肤表面的汗水在蒸发时变成蒸气，混入周围的空气中。混有蒸气的潮湿空气比干燥空气轻，轻的空气向上流动，形成小范围的对流。蚊子头

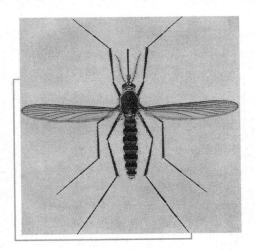

蚊子的寿命比较短暂

部的触觉器官能感知空气对流，从而区别温暖潮湿的生命体和无生命体。随意巡飞的蚊子一旦碰上对流的空气时，立即盘旋徘徊，便能找到吸血的对象。

拓展阅读

卵 巢

　　卵巢是雌性脊椎动物的生殖器官。卵巢的功能是产生卵以及类固醇激素。大多数脊椎动物有两个卵巢，但是部分鱼类的两个卵巢融合为单个结构，而所有鸟类只有左侧卵巢有机能。卵巢滤泡会分泌雌激素。在滤泡未成熟时，雌激素浓度低，也会抑制另外几个器官的激素，彼此有负回馈反应。等到滤泡逐渐成熟，雌激素增加，并且与另外几种激素会变成正回馈反应。排卵之后，滤泡转化成黄体。

因此，人的皮肤表面愈热、愈潮湿，愈易被蚊子发觉，特别是平时出汗多，又不爱洗澡的人容易招引蚊子。儿童的皮肤很娇嫩，新陈代谢旺盛，活动量大，体表比成年人更热，也更易出汗，因而被蚊子叮咬的机会超过成年人。老年人皮肤干燥，被叮的几率就较低。另外，蚊子也有味觉，它喜爱甜的味道，因而更嗜喝血

糖偏高人的血液。

雌蚊子在夜晚飞行时，常发出恼人的"嗡嗡"声，这就是它振翅时发出的声音。雌蚊子的翅每秒振动500次，并且可以使雄蚊子的触须随之一起颤动。此外，雌蚊子还能发出一种音调刺耳的高音，这是由位于其呼吸小管口旁特殊的鼓室发出的。

在寂静无风的傍晚，雄蚊子往往聚集成群，迎着微风，有节奏地上下飞舞。这时，由它们身上特殊的腺体散发的气味，便增强了几千倍，诱使雌蚊子来参加"跳舞"和婚配。

雌蚊子产卵后，还要用很黏的分泌物把它们一个个粘在一起，形成一

蚊子振翅每秒可达 500 次

个小筏，在水中自由地漂荡，每个小筏上一般承载着 200 ~ 300 粒卵。大约在3 天后，俗名"筋斗虫"的蚊子幼虫——孑孓便孵化出来，而且行动很灵活。孑孓的头部有 2 只黑棕色的大眼睛和 1 个大颚。大颚不停地动来动去，这是在用颚往口里送水，而微小的藻类和各种动植物碎屑也顺着水流进入口中。在孑孓身体的另一端有 2 个很有趣的器官：最末端的像个小管，平时伸出水面，是孑孓的呼吸器官；另外一个长在身体一侧，有 4 个叶片，既是舵又是桨，是它主要的运动器官，很像轮船的螺旋桨。

孑孓要经过 2 ~ 3 周的时间才能化蛹，这时最大的变化是呼吸器官的变化。蛹不再用"尾巴"呼吸，尾巴上的呼吸管也不见了，但却在背部出现了两个小管。这时，为了呼吸新鲜空气，它就必须浮到水面上，呈水平状态。

当蛹最后一次浮到水面附近，变成成虫的蚊子便从蛹膜中钻了出来。这时，它全身软弱无力，很不灵活，只能勉强地用腿站立起来，而蛹膜这时便

成了蚊子的"小船"。它小心翼翼地站在这个"小船"上，以免失足落水，一直到蚊子的身体干了以后才飞向空中。

雄蚊子的寿命比较短暂，一般只有一个夏季。但有些雌蚊子到了秋天仍然活着，而且在严寒到来之前隐藏在各种缝隙里，一直沉睡到第二年春天，苏醒后便立即去吸血。

🔘 遗传学实验的好材料——果蝇

果蝇是一种小型蝇类，比普通苍蝇小得多，体长只有 3.4 毫米，如同米粒一般大小。它的体色一般为淡黄色，复眼红色，触角第三节为椭圆形或圆

果　蝇

形，触角芒为羽状。它仅有一对翅。雄果蝇和雌果蝇的形态有所不同。雌果蝇的腹部有 6 条易见的环节，而雄果蝇只有 5 节；在雄果蝇跗关节前端的表面约有 10 个黑色的坚硬鬃毛流苏，称为性梳，雌果蝇则没有这些性梳。

果蝇堪称生物界中的"好色之徒"，每两周内就能繁殖出新的一代。果蝇的求爱方式很奇特，雌果蝇能够用触角来聆听雄果蝇用翅发出的求爱"情歌"。不同种类的雄果蝇都会各自演唱着不同曲调的"情歌"，这种"情歌"一般表示两种信息：其一是诉说自己在求爱，其二是告诉雌果蝇自己正是它的"如意郎君"。雌果蝇听了"情歌"以后也会有两种反应：一种是与其情投意合，双方结成"情侣"；另一种是认为曲调不够刺激，就会扬长而去。

动物学家曾经做过一个实验，将一根微电极插进雌果蝇的触角内，同时

记录下它的神经冲动传递情况和雄果蝇"情歌"的时间过程。结果发现，雌果蝇的触角对"情歌"的反应是相当的美妙，它不仅能够将"情歌"十分精确地"译成"神经系统使用的特殊信息，而且还能够将"情歌"的每一个细节准确无误地传递到大脑中去，作出反应。由此可见，果蝇有着十分复杂、结构精密的信息系统。

果蝇是生物界的"好色之徒"

果蝇是属于双翅目果蝇科的昆虫，全世界已知有 2 500 余种，我国已知有 180 余种。它的分布很广，几乎遍及全世界，通常喜欢在腐烂的水果和发酵物的周围飞舞。由于果蝇容易采集和培养，生活周期短，繁殖能力强，染色体数目少，只有 4 对，并且形态各不相同，易于区别，更为重要的是，果蝇的突变性状特别多，如体色（灰、黑）、眼色（红、白）、翅长（长、短）等，适宜于用作科学实验材料，尤其受到遗传学家的"宠爱"。

果蝇会唱"情歌"

最早对果蝇作出书面描述的人是亚里士多德，他曾提到有一种从黏液里孵化出来的成虫，它就是果蝇。1871 年，一种原产于东南亚的长着红眼睛的果蝇附着在一串香蕉上，随着货船来到了美国，被昆虫学家发现后推荐给著名遗传学家摩尔根用作实验材料，使其在 1911 年提出了"染色体遗传理论"。果蝇给摩尔根的研究带来如此巨大的成功，以致后来有人说这种果蝇就是上帝专门为摩尔根创造的。

今天，利用果蝇进行实验研究已经十分普遍，不仅常用于各种生物科学

果　蝇

实验中，而且还用于药品检验、环境保护、食品卫生、职业防护和肿瘤研究等各个方面。在世界卫生组织规定的毒理学 8 个主要检测项目中，果蝇检测是其中重要的一项。哪些食品和药物中含有致癌、致畸、致基因突变的物质，只要通过果蝇新品系检测一下，就可知晓。

有趣的是，在实验室中，雄果蝇却以通常追逐异性时才有的狂热在同性之间"寻欢作乐"，相互摩擦生殖器。原来，科学家使这些果蝇变成了"同性恋者"，他们把一种基因移植到了果蝇体内，导致它们表现出"同性恋"行为。更为重要的是，与此相关的基因也存在于人类身上。虽然尚无迹象表明该基因影响人的性倾向，而且并非一个基因就能使人变成同性恋者，但这项研究对基因构成如何通过一系列复杂的生化反应影响性倾向这个问题或许会有新的启迪。

不过，在果蝇身上研究的基因类型并不能解释复杂多样的人类同性恋行为，因为至少该基因并没有使果蝇完全放弃异性性行为。另外把该基因移植到雌果蝇体内却未能制造出同性

果蝇有很大的科研价值

恋的雌果蝇。但该基因作用的方式可能为探索同性恋的生物化学根源提供一些线索。它的一项特殊工作是制造一种蛋白质，使细胞能利用一种称为色氨酸的基本氨基酸。如果果蝇不能恰当处理色氨酸，它们就不能制造红的眼睛色素。在正常情况下，该基因仅仅活跃于包括脑细胞在内的某些细胞内，并不

扰乱正常的性行为。科学家把这种正常基因植入果蝇胚胎，但以特殊方式使其活跃于每一个细胞内。显然，这在果蝇的性生活上引起了混乱。随着每个细胞都从血液中吸收色氨酸，最需要它的大脑则出现了色氨酸短缺。而由于色氨酸水平的变化，大脑中不能制造出足够的 5 - 羟色胺来。5 - 羟色胺是一种多功能的化学物质，能在神经细胞间传递信息，人体内其水平异常与许多病态相关，包括抑郁症、暴力倾向等，还有就是由于 5 - 羟色胺的短缺造成了雄果蝇的"同性恋"。

拓展阅读

基因突变

基因突变是指细胞中的遗传基因发生的改变。它包括单个碱基改变所引起的点突变，或多个碱基的缺失、重复和插入。原因可以是细胞分裂时遗传基因的复制发生错误，或受化学物质、辐射，或病毒的影响。突变通常会导致细胞运作不正常或死亡，甚至可以在较高等生物中引发癌症。但同时，突变也被视为物种进化的"推动力"：不理想的突变会经天择过程被淘汰，而对物种有利的突变则会被累积下去。中性的突变对物种没有影响而逐渐累积，会导致间断平衡。

基本小知识

脑细胞

脑细胞是构成脑的多种细胞的通称，主要包括神经元和神经胶质细胞。神经元是特异化的、具有放电功能的一种细胞类型，负责处理和储存与脑功能相关的信息。神经元之间通过突触的相互连接，构成复杂的神经网络。神经胶质细胞起到支持作用，其已知的主要功能包括形成神经元轴突外的髓鞘、神经元养分供应和新陈代谢、参与脑中的信号转导等。

◗ 抗病力极强的苍蝇

苍蝇无论停留在什么地方，总是喜欢不停地在用它的腿掸掸翅，清理清理头部。在它的头部，一对圆圆的复眼占据了头部的大半。眼的距离是识别雌、雄苍蝇的标志：两眼稍分开的是雌苍蝇，两眼较接近的是雄苍蝇。头部前面有一对短小的触角，触角的下方就是它的舐吸式口器，能伸缩自如。它

苍　蝇

不能吃固体的食物，只能舔吸流体或半流体的东西。不过，碰到固体的食物，它也不轻易放过，可以从它的唇瓣环沟上的毛孔向食物表面"吹"消化液，当固体食物溶解以后，这些毛孔就变成了"吸吮"工具。

苍蝇落在垂直的玻璃面上不但不会滑落下来，而且能自由地爬行。它甚至能用前足抓住天花板，使整个身体向后翻转，即使倒悬在上面也不会掉下来。这是因为在苍蝇的 6 只脚上各有一个"爪"，在爪的基部还有一个被一排茸毛遮住的爪垫盘。当苍蝇在玻璃片上走动时，脚部茸毛尖处便分泌出一种液体，这种分泌物是由中性脂质构成的。在玻璃与茸毛之间，该脂质的表面张力起到了黏附剂的作用。苍蝇接触玻璃表面的茸毛与使用几只脚站立有关，苍蝇在玻璃上的黏附力与站立脚的只数成正比，即接触玻璃面的脚愈多，其黏附力愈强。此外，苍蝇的爪垫盘是一个袋状结构，内部充血，下面凹陷，其作用犹如一个真空杯，便于吸附在光滑的表面上或倒悬其上。当苍蝇想离开的时候，可以用脚上的一对小爪使它的脚与天花板分离。

苍蝇是属于双翅目蝇科的昆虫，全世界已定名的苍蝇大约有 4 200 种，我国已知有大约 500 种。其实苍蝇中只有少部分对人类是有害的，绝大多数苍

蝇可以为植物授粉，并且有利于腐烂物质的再循环。

不过，人们常见的苍蝇却是传播疾病的罪魁祸首。苍蝇经常在有垃圾、污水和粪便等污物的环境中行走和繁殖，而在那些各种腐败的脏东西里面包含着大量的、各式各样的细菌。由于苍蝇全身生有很多的毛和刺，所以能粘带许多病原体。一只苍

苍蝇是传播疾病的罪魁祸首

蝇身体表面携带的细菌通常有 60 多种，数量多达 1700 万 ~ 5 亿个。伤寒、霍乱、痢疾、肠炎、结核、小儿麻痹等对人类危害极大的传染病，苍蝇都能传播。然而，令人奇怪的是，苍蝇自己为什么不生病呢？

原来，这些病菌对人是有害的、致病的，但对苍蝇来说却是无害的，不是致病菌。就好比人类身上以及消化道里也有几百亿个甚至更多的细菌一样，它们中的大多数对人是无害的，不会使人致病。这是细菌与苍蝇等媒介昆虫之间在长期进化过程中形成的一种适应现象。

苍蝇的进食方式与众不同，它采用的是"体外消化"的方法。吃食时，苍蝇先

广角镜

霍 乱

霍乱是一种急性腹泻疾病，病发高峰期在夏季，能在数小时内造成腹泻脱水甚至死亡。霍乱是由霍乱弧菌所引起的。霍乱弧菌存在于水中，最常见的感染原因是食用被病人粪便污染过的水。霍乱弧菌能产生霍乱毒素，造成分泌性腹泻，即使不再进食也会不断腹泻。临床上，经过 1 ~ 2 天的潜伏期，霍乱的表现是突然而无痛的水泻，经常伴有呕吐的现象。如果没有补充水分与电解质，会造成休克。通常通过补充水分与电解质和抗生素的方式治疗。

苍蝇有独特的进食方式

把唾液吐在食物上，待食物溶解并转化成营养物后，再伸出吸管饱吸一顿。同时，苍蝇几分钟就要排便一次。因此，它的吃饭方法是：一边吐，一边吃，一边拉，"吐、吃、拉一条龙"。苍蝇消化道的工作效率极高，当食物进入消化道后可以立即进行快速处理，在 7～11 秒内就将营养物质全部吸收完毕，与此同时，又能将废物连同病菌迅速排出体外。靠这种高速度、高效率的消化吸收和快速外排，苍蝇能在病菌还没有来得及影响它的身体之前就把它逐出体外了。

进一步的研究表明，在苍蝇的体内有一种特殊的免疫能力。因为有的病菌繁殖速度也相当快，甚至可以在 3～5 秒内完成繁育后代。当这些病菌侵入苍蝇体内，威胁着它的机体健康时，它的免疫系统就会立即释放出两种免疫蛋白来抵抗，它们分别是 BF64 球蛋白和 BD2 球蛋白，这两种免疫蛋白可以说是苍蝇体内的"跟

苍蝇体内有特殊的免疫能力

踪导弹"。当它们从免疫系统发射出来以后，就能自动寻找病菌，并引起爆炸，与"敌人"同归于尽。而且这两种球蛋白，一般都是联手对敌，一前一后，寻找目标。如果体内侵入的病菌太多，免疫系统产生的"跟踪导弹"也会增加，不断地向目标射去，就像机关枪的子弹，直到把细菌完全彻底地消灭干净为止。"跟踪导弹"的杀菌力要比青霉素、庆大霉素等抗菌素大得多。因此苍蝇的抗病力极强，不易得病。

苍蝇的繁殖力很强，在温暖的天气中，苍蝇从卵到蝇蛆到成虫的生命周期

大约是 8~12 天。理论上，两只苍蝇从 4 月份开始交配到 8 月份为止就总共能产出 $19\,101 \times 10^{16}$ 个后代。这些苍蝇足够以 14 米左右的厚度覆盖整个地球。

◎ 善于模仿的食蚜蝇

食蚜蝇长得和蜜蜂像极了，也有透明的翅和黑黄相间的腹部，飞起来同样是"嗡嗡"的声音，可是蜜蜂和食蚜蝇不但不是亲姐妹，而且在亲缘关系上还相差很远。蜜蜂在分类上属于膜翅目，和胡蜂、熊蜂是亲戚，而食蚜蝇则是属于双翅目食蚜蝇科的昆虫，苍蝇、蚊子才是它们的姐妹。全世界已知的食蚜蝇约有 6 000 种，中国已知约有 400 余种，有些食蚜蝇还具有长距离迁飞的本领。

食蚜蝇

食蚜蝇的体长 5.7 毫米，体色单一暗色或常具黄、橙、灰白等色彩的斑纹，某些种类则有蓝、绿、铜等金属色，头部大。雄食蚜蝇的眼合生，雌食蚜蝇的眼离生，也有的种类两性均离生。

食蚜蝇与蜜蜂如此相似，是一种典型的拟态现象。事实上，人们只要仔细观察，就会发现它们的很多区别。例如，蜜蜂的触角长，呈屈膝状，食蚜蝇的触角短，呈芒状；蜜蜂的后足粗大，有的甚至还沾有花粉团，食蚜蝇的后足细长，和其他足没什么大的不同；它们最大的区别是蜜蜂有两对翅，而食蚜蝇只有一对翅，其后翅像苍蝇、蚊子等退化成了一对小棒槌形的结构，叫作平衡棒。更有趣的是，食蚜蝇并没有蜜蜂那样的能自卫御敌的螫刺器官和叮咬能力，但为了保护自己，它们不仅在体型、色泽上模仿蜜蜂，同时还能仿效蜜蜂做螫刺动作呢。

食蚜蝇的拟态，对它们的生存有着莫大的帮助。由于不同的昆虫体型大小不一，所处的环境不同，所面临的敌害也各不相同，从而演变出很多的防御方法，其中拟态是一种重要的防御方法。

食蚜蝇不仅身体的大小、体态、花纹等均与蜜蜂相近，在访花、吸蜜等生活习性上也相似。由于蜜蜂的腹末有螫针，又有拼命的精神，那些喜欢食虫的鸟类，都知道蜜蜂螫刺的厉害，轻易不敢捕食，于是，食蚜蝇的拟态行为不仅得到了避免被捕食的好

食蚜蝇和蜜蜂长得很像

处，还借着蜜蜂的威势，大摇大摆地在外面觅食。除了对蜜蜂的拟态之外，有些食蚜蝇还与熊蜂、胡蜂或蚂蚁的形态或生活习性十分相近。

知识小链接

拟 态

所谓拟态，就是一种生物模拟另一种生物或环境中的其他物体，从而获得好处的现象。因此，模拟的对象也是多种多样的，包括有毒的或者不好吃的动物、植物，甚至是一些动物的排泄物等。

食蚜蝇的飞翔能力很强，常在空中翱翔，除了通常的向前飞行外，它还能振动双翅在空中停留不动和向后飞行，或突然作直线高速飞行。食蚜蝇甚至能在空中婚配。交尾中的食蚜蝇密切配合，飞舞在空中，也能停止在空中，但下面的雌食蚜蝇似乎没有飞舞翅膀。

食蚜蝇的名字中虽然沾了"蝇"字，但它们却与苍蝇不同，不仅不是害虫，而且是益虫，因为它们跟蜜蜂一样，是花儿们的好"媒人"。食蚜蝇喜欢阳光，常在花间草丛或芳香植物上飞舞，摄食花粉、花蜜，并传播花粉，有时也吸取树汁。特别是雌食蚜蝇，它们必须摄食花粉才能使卵巢发育。雌食蚜蝇产卵量的多少还与蜜源有很大的关系，如果没有蜜水，它可能只产几十

粒卵，而有充足的蜜水，产卵量会几倍、几十倍地增加，多时可达2 000多粒。可见，蜜水对一些天敌控制能力的发挥起着举足轻重的作用。

顾名思义，食蚜蝇是蚜虫重要的天敌昆虫，它们的胃口相当大，有些种类的整个幼虫期能捕食840～1 500只棉蚜。雌食蚜蝇在植物嫩尖上产下白色的长椭圆形的卵，而在卵的周围，还生活

食蚜蝇飞翔能力很强

着一些桃蚜在嫩叶上取食。因此，食蚜蝇的幼虫一孵化出来，就有美味可尝。食蚜蝇幼虫的头部有一个钩状的口器，即口钩，捕食时用它刺入蚜虫，并吸食蚜虫的体液，待体液吸干后，随即抛弃蚜虫的壳体，继续捕食其他蚜虫。吃饱以后，它会1～2天不动，开始蜕皮，这样就进入了第二龄。二、三龄的幼虫取食蚜虫的速度明显加快，食量也大

食蚜蝇是蚜虫的天敌

增。它的头部碰到蚜虫时，即用口钩刺入，举起头部，快速地吸食，吸完后抛掉蚜虫的躯壳。但是，并不是所有的食蚜蝇都捕食蚜虫，一些食蚜蝇幼虫取食植物、菌类，或者以腐败的有机物或禽畜粪便为食，还有一些是杂食性的。即便是肉食的食蚜蝇，除了捕食蚜虫外，还能捕食多种其他昆虫，如粉虱、叶蝉、叶蜂、蛾蝶类的幼虫等。

有趣的是，幼虫的取食方式几乎与神话中的貔貅一样。虽然它的食量很大，可捕食上千的蚜虫，但只进不出，幼虫期只排泄一次。它们停止取食后，在化蛹前一天排出累积的所有废物，量相当多，呈酱油色。随后，它们便爬入松土中化蛹。

本领独特的昆虫

　　昆虫世界有很多神奇的成员，如飞行最远的蝴蝶——君主斑蝶、最著名的潜水家——龙虱等，它们不但神奇有趣，也为科学研究提供了一定的帮助，如蜜蜂酿蜜，家蚕吐丝，一些昆虫和它的产物成为工业原料、药材、动物饲料等。但是，也有许多昆虫对人类造成了伤害，传播疾病、危害农业等。

　　昆虫虽小，个个本领却不小。比如，蝗虫是一类危害各种农作物的农业害虫，食量大、繁殖力强，特定环境条件下大量繁殖还会造成严重的灾害。蝗虫有什么特殊的"技能"？它靠什么危害农作物？让我们一起来研究。

▶ 高超的建筑师——白蚁

在我国的古书如《尔雅》、刘向《说苑》、郭义恭《广志》等中所说的蚁、蛆、蠊、蜜、木蚁等名称，都把白蚁与蚂蚁混为一类。白蚁之名始见于苏轼《物类相感志》（1101 年），可见从宋代开始，古人才把蚂蚁与白蚁明显区别开来。其实，白蚁是半变态昆虫，它的工蚁、兵蚁都包括有雌雄两性个体；蚂蚁是全变态昆虫，它的工蚁都是雌性个体。在外部形态方面两者也有显著区别：白蚁腹基部较粗壮；蚂蚁腹基部收缩极细，胸腹间有明显区分。白蚁在昆虫类中属于原始型种类，而蚂蚁是属于较进化型的种类。

厦门白蚁

白蚁的家族通称巢群或巢居，是所有动物中最复杂而先进的家庭组织，并且是以一夫一妻的单配制为基础，经过产卵、繁殖、发育、分化，形成一个集团，即巢群。每一巢群的个体数，往往增殖到几十万只，有时超过 100 万只以上。有些种类在一个群体中只有一个蚁王和蚁后；有些种类虽然有几个，但与蚂蚁和蜜蜂不同，不是仅有短暂的婚飞，而是过着真正意义上的婚姻生活，在许多年以后，一对白蚁夫妇仍然在继续交配，这样有助于使白蚁成为所有昆虫中最成功的物种。

在这样庞大的集体中，一般可分为生殖和非生殖两个类型，即俗称的繁殖蚁和不育蚁。繁殖蚁中又有两类：原始繁殖蚁和补充繁殖蚁。原始繁殖蚁包括蚁后及蚁王，它们的皮肤几丁化程度较高，色泽亦较浓，成虫时期有充分发达的翅，所以又称大翅型（简称第一型）。补充繁殖蚁包括色泽较浓、成虫时期有短形翅的短翅型补充繁殖蚁（简称第二型）和色泽稍淡、成虫完全缺翅的无翅型补充繁殖蚁（简称第三型）。在一般情况下，每一巢群中仅有原始繁殖蚁一对。当其死亡或遭致遗失后，该巢群的繁殖任务常被多数补充繁殖蚁所替代。

繁殖蚁除进行繁殖的基本任务外，在一定时期亦进行巢群的分殖，通称分群，由此创建新的巢群。

不育蚁的品级有工蚁和兵蚁两类，都是无翅的，一般更是盲目的个体。不育蚁各品级有时还有多形态现象，如大工蚁、小工蚁、大兵蚁、小兵蚁，有时更有中间类型。工蚁占群体中极大部分。它们的任务是保护卵

白蚁家族是庞大的集体

子及幼虫、采集食料、对其他品级进行哺喂给食、清洁筑巢等。兵蚁由于有大型上颚，所以主要承担对敌防御工作。

白蚁的头部有圆形、卵圆形、近长方形等形状。兵蚁的头很大，形态的变化也特别显著。工蚁和繁殖蚁的头大多数为圆形或卵圆形。有翅成虫的头部两侧有复眼一对，在复眼的背方或背前方有五色透明的单眼一对。白蚁的胸部由前胸、中胸、后胸三节组成。每一胸节的腹面生足一对，足一般非常短，但也有少数种的足相当长。有翅成虫的中胸和后胸背面，各生翅一对。翅为薄膜质，形状狭长，不飞时平贴于背部，向后伸过腹部末端。翅面平坦或密布刻点。前翅略长于后翅。白蚁的腹部呈圆筒形或橄榄形，由 10 节组成。

白蚁是属于等翅目的昆虫，全世界已经记录的种类有 3 000 多种，主要分布在热带、亚热带地区，我国已知有 400 多种。白蚁是比较原始性的昆虫，是由像蟑螂一样的祖先进化而来，那时它们就具有了吃木材的能力。事实上，只是视力退化的工蚁才大量地咀嚼木材，并且把获得的食物从它们的嘴和肛门中吐出来喂养白蚁群中的其他成员。有趣的是，当开始咀嚼木材的时候，

白蚁可以根据木材发出的颤动来决定吃哪一根。白蚁更喜欢吃小块的木材（如家具）而非整棵大树。当咀嚼的时候木材纤维会发出噼啪的响声，并将这种刺激信号传遍全身，用以显示木材的类型和大小。

白蚁属于等翅目昆虫

它们就像微型的牛，用具有多复室的胃来分解纤维素。它们的肠道里含有 200 多种微生物，由于它们的存在，喜欢啃咬木材的白蚁把大量木质纤维素食物吞下肚后就能消化，并且转化为能量。但是，这类微生物在消化分解纤维素的过程中，必然会产生出一种副产品——甲烷，也就是平常人们所说的沼气。

进入 20 世纪 80 年代后，全球气候逐渐变暖，不少地区出现了奇特的暖冬现象，这对人类社会带来了一系列的不良后果。什么原因使全球气温升高呢？原来，除了人类活动而不断增加大气中二氧化碳的含量，以及厄尔尼诺现象等因素外，昆虫家族中的白蚁居然也与此有关。甲烷在较低的大气层里，经过反应后能够形成二氧化碳，而大气中的二氧化碳增加，会导致地球中的热量不易散发，形成"温室效应"现象。

白蚁产生甲烷虽然已有几

拓展阅读

亚热带

亚热带，又称副热带，是地球上的一种气候地带，一般位于温带靠近热带的地区。亚热带的气候特点是其夏季与热带相似，有时夏天温度比热带地区更高；但冬季受大陆高压影响，气温明显比热带寒冷，最冷月均温在 0℃ 以上。

百万年的历史，但是它们产生甲烷的量是近年来才加剧的。如果将2 600种白蚁放到一起，它们将会占地球总生物量的10%。它们消化高纤维食物的过程中估计每年向大气释放1.5亿吨甲烷，这是个不小的数字，占了全球沼气排放总量的11%，仅次于像牛和绵羊那样的反刍动物，对地球温度的升高必定会有重要的影响。

白蚁擅建"城堡"

　　许多白蚁与真菌有密切联系，其中有的是共生，有的是寄生或为病原体，也有属于腐生性质的。此等菌类有的供作白蚁的营养，有的能分解白蚁居住的纤维素、木质素和起到其他尚不了解的作用。白蚁与真菌间关系最引人注目的是共生现象。在一些种类的白蚁中，工蚁可以将它们的粪便放在一个蜂窝状的小室中，从而培养出真菌以保证给白蚁提供丰富的蛋白质，甚至是在干燥的季节里。

基本小知识

纤维素

　　纤维素是自然界中分布最广、含量最多的一种多糖，无论一年生或多年生植物均含有纤维素。自然界中，植物体内约有50%的碳以纤维素的形式存在。棉花、亚麻、苎麻和黄麻部含有大量优质的纤维素。棉花中的纤维素含量最高，达90%以上。木材中的纤维素则常与半纤维素和木质素共同存在。

　　白蚁巢是所有动物建造的巢穴中结构最为复杂的，尤其是在广袤的非洲草原上，常常能看到一座座耸立着的、雄伟壮观的"城堡"。这些由几十吨泥土堆积起来的土堡，一般有 3～4 米高，最高的竟有 6～7 米高，远远望去，在平坦开阔的草原上十分显眼。

在每个白蚁"城堡"里面，许多用途不同的小"房间"由四通八达的通道连接。位于土堡深处的是白蚁的"王宫"，身躯巨大的蚁后就住在里面。它像一部巨大的产卵机器，每天至少要产 30 000 枚卵。负责保卫城堡的是勇敢好战的兵蚁，它们因武器不同分为两类，一种长有一对像大刀一样的大牙，一种长有可以注射毒液的刺锥。一旦有敌情，它们便会蜂拥而上，宁可战死也决不后退。工蚁个个都是杰出的"建筑家"，它们从地下挖出泥土，然后用唾液或粪便将泥

白蚁以善蛀著称

土胶结起来，一口一口地吐出来堆积成高大结实的"城堡"。为了使"城堡"保持一定的温度和湿度，它们还在土堡中修筑起像烟囱一样的通风道，始终使土堡内的温度保持在 29℃ 左右，其功能就如同一个

厄尔尼诺现象

厄尔尼诺现象又称厄尔尼诺海流，是太平洋赤道带大范围内海洋和大气相互作用后失去平衡而产生的一种气候现象。正常情况下，热带太平洋区域的季风洋流是从美洲走向亚洲，使太平洋表面保持温暖，给印尼周围带来热带降雨。但这种模式每 2～7 年被打乱一次，使风向和洋流发生逆转，太平洋表层的热流转而向东走向美洲，随之便带走了热带降雨，出现所谓的"厄尔尼诺现象"。

空调系统的输送管，可以将白蚁和它们的真菌"花园"所产生的热气和二氧化碳排放出去，代之以新鲜的氧气。当干旱季节来临的时候，它们又会将洞打到深深的地下，吸足了地下水后返回到土堡里，将水喷洒在墙壁上，这样做既可以降温，又可以增加土堡内的湿度。

白蚁危害范围很广，几乎对各种各样的物品都能造成直接或间接的破坏。白蚁危害严重时，受灾农村房屋，几乎十室九蛀。江河堤防，也由于白蚁侵袭，常常溃决成灾，使大量生命财产毁于旦夕，造成的危害比洪水和火灾加起来还要大。现在全球每年由白蚁造成的损失超过了 50 亿美元。因此，世界各国对白蚁灾害极度重视，在防治和研究方面做了大量工作。由于白蚁会产生一种易挥发性物质萘，利用这种物质来抵御它的天敌，于是，科学家发明了利用这种物质挥发出的气体探测白蚁的系统，从房屋墙壁的空气里取样并对其构成进行分析，从而确定房屋是否受到白蚁侵害。

👉 伪装大师——竹节虫

竹节虫是昆虫中身体最为修长的种类，成虫体长一般为 10 厘米左右，最长可达 50 厘米。竹节虫的名字十分形象，它的身子呈直杆状，三对细长的足紧紧地贴在身体的两侧，上面还有像竹节似的分节，当它停在竹枝上的时候，看上去就像是一小节竹枝。不同种类的竹节虫体色各异，多为绿色或暗棕色，并且带有黄色的斑点，与竹枝、竹叶的颜色十分相近，更加使其真假难辨。

短肛竹节虫

竹节虫的头不大，前端有一对丝状触角，口器为咀嚼式，身体和腿部细如竹节。它的前翅变为革质，很短，称为覆翅；后翅为膜质，层叠于覆翅之下，飞翔时展开。部分种类的翅已完全退化，但后肢发达，善于跳跃。

竹节虫善于跳跃

科学家发现，某些种类的昆虫在进化过程中，飞行的能力失去后又会重新获得。这一现象表明，达尔文的进化论本身也许需要进化了。从前，科学家一直认为进化过程是不可以逆转的，因此像翅等一类复杂的身体结构不可能失而复得。但是竹节虫的情况可能证明事实正好相反。科学家在分析 35 种竹节虫的 DNA 后发现，在数百万年的进化历史中，某些竹节虫的翅多次失而复得，这种反复的进化现象至少出现了 4 次。

基本小知识

达尔文

查尔斯·罗伯特·达尔文，英国生物学家，物种进化论的奠基人。他曾乘"贝格尔号"舰作了历时 5 年的环球航行，对动植物和地质结构等进行了大量的观察和采集，出版了《物种起源》这一划时代的著作，提出了生物进化论学说，从而摧毁了各种唯心的神造论和物种不变论。除了生物学外，他的理论对人类学、心理学及哲学的发展都有不容忽视的影响。恩格斯将"进化论"列为 19 世纪自然科学的三大发现之一。

科学家是在为竹节虫描绘族谱的时候意外地获得了这一惊人发现。他们猜测，失去了翅和飞行能力的竹节虫能够更好地适应环境，这使它们看上去更像枯树枝，因而更容易与它们生活的环境融为一体，保护它们躲过天敌锐利的目光。在 5 000 多万年后，由于某些原因，部分竹节虫则恢复了翅和飞行能力，同样也是因为这样更加有利于生存。

竹节虫可随环境变换体色

通过对竹节虫的研究，科学家认为，创造翅和腿的基因指令也许是相联系的，可能在数百万年的时间内按需开关。他们还怀疑，这种进化现象可能在其他物种身上也发生过，其中包括蟑螂等昆虫，也许还有昆虫王国之外的更高级物种。

竹节虫不但外观上长得像竹枝，而且在生态习性方面也能将其模拟得惟妙惟肖。它生性反应迟钝，白天静静地趴在树枝上，长时间地一动不动，只将胸足伸展开，时不时地微微抖动，看上去就像是在微风中抖动的竹叶枝条一样。

变色并不是变色龙的专利，竹节虫的体色也可以随着环境而改变。它体内的色素可以因光线、温度、湿度不同而发生变化，由绿色、棕色变为其他颜色。当温度与湿度下降时，它的体色变暗；温度较高，空气干燥时，竹节虫则变为灰白色。竹节虫有了这样能和周围环境融为一体的伪装服和如此高超的伪装术，像鸟类这样的天敌是很难找到它的。到了夜间，竹节虫才慢慢地爬出来活动取食。竹节虫虽然栖息在竹林里，但是它却不喜欢吃竹叶、竹枝，而是在夜间离开竹枝，爬到周围的蔷薇科植物上去吃一些

竹节虫是善于伪装的昆虫

叶子，天亮以前再返回到竹枝上。竹节虫的食量也不大，只要稍微吃点东西就够了。这样，它也不会因为吃得太多，使肚皮胀大，而影响模仿竹枝的效果。

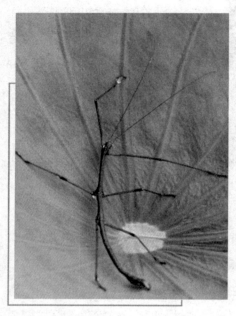

竹节虫的食量不大

在竹节虫的胸腹部有两个特殊的腺体，当遇到敌害时就可以释放出毒液。在竹节虫的足尖部位也长有又硬又尖的尖刺儿，因而使得很多动物对它敬而远之。除了这些，装死也是竹节虫的本领之一，在遇到突发情况或受到惊吓时，它们立即坠落在草丛中，以假死来逃避灾难。依靠这些巧妙的护身法宝，使得竹节虫可以巧妙地躲过敌害的追击，得以繁衍生息。

有趣的是，即使在婚配的时候竹节虫也不会忘记伪装。它们不像其他昆虫那样是由雄竹节虫爬上雌竹节虫的体背上交配，而是雌雄尾部相接，头部向着相反的方向，两虫连成一条直线，看上去仍然像是一根竹枝。

竹节虫是不完全变态昆虫，幼虫经过蛹期阶段，几次蜕皮后变成成虫。成虫的寿命为 30 多天，于 8 月下旬产卵后死亡。竹节虫为两性生殖，雌竹节虫一生可产 400~700 粒卵，卵呈长圆形，卵外包被有坚硬的鞘囊保护，其孵化期较长，约为两年。

竹节虫是属于竹节虫目的昆虫，种类繁多，分布广泛，全世界已知有 2 500 多种，我国已知有 100 余种，特别在南方山区的树林及竹林中比较常见。因为繁殖能力强，数量很多，而且因终生以植物为食，所以竹节虫是著名的森林害虫，尤其到了繁殖季节会毁掉大批树木，所以人们把它叫作"森林魔鬼"。

最勤劳的昆虫——蜜蜂

　　蜜蜂是过群体生活的社会性昆虫，每个群体内都有严密的组织和细致的分工，每个成员各尽其职、互相配合，共同维持群体的生活，因此被形象化地称为"蜜蜂王国"。通常每一个蜂群，都是由一只蜂王、数百只雄蜂和数万只工蜂组成。

蜜　蜂

　　蜜蜂居住的蜂巢是由工蜂用蜡腺分泌的蜡片筑成的。它是由多片巢脾组成的，每一片巢脾的两面整齐地排列着六角形的巢房。据数学家测量计算，像蜂房那样的六角形柱状体是在同样条件下用料最少、容积最大的建筑结构，无怪乎人们把工蜂叫作"天才的建筑师"。不过，巢房并不是蜜蜂的"卧室"，而是它们哺育幼虫的"摇篮"和贮存蜂蜜、花粉的"仓库"。

蜜蜂与蜂巢

巢房分为工蜂房、雄蜂房和王台三类。工蜂房的数量最多，雄蜂房比工蜂房稍大，它们都是六角形的；王台像一粒花生，大多倒悬在巢脾下缘。蜂王在王台和工蜂房里产受精卵，在雄蜂房里产未受精卵。卵经过 3 天孵化出幼虫。

蜂王是一种由受精卵发育成的雌蜜蜂。它的身体颀长、大腹便便，在群体中很显眼。只有蜂王才能与雄蜂交配，而且除了交配和产卵之外就没有其他的工作了。在产卵盛期，一只蜂王一昼夜可以产 2 000 多粒卵，这些卵的总重量相当于它的体重，可见它的生殖机能是多么的旺盛。

基本小知识

蜂　蜜

　　蜂蜜，是蜜蜂从开花植物的花中采得的花蜜在蜂巢中酿制的蜜。

　　蜜蜂从植物的花中采取含水量约为 80% 的花蜜或分泌物，存入自己第二个胃中，在体内转化酶的作用下经过 30 分钟的发酵，回到蜂巢中吐出。蜂巢内温度经常保持在 35℃ 左右，经过一段时间，水分蒸发，成为水分含量少于 20% 的蜂蜜，存贮到巢洞中，用蜂蜡密封。蜂蜜的成分除了葡萄糖、果糖之外，还含有各种维生素、矿物质和氨基酸。

　　雄蜂是由未受精卵发育而成的，体型粗壮。它唯一的职能是与蜂王交配，交配后即死亡。雄蜂平时也是游手好闲，什么活都不干，整天吃饱了不是闲呆就是游逛，食量还特别大。因此，当繁殖季节一过，蜜源不足，食物短缺的时候，工蜂就把这些"好吃懒做"的家伙赶出蜂巢，使其冻饿而死。在蜂巢中的数百只雄蜂中，每次只有飞得最快的那只才有机会同蜂王交配，其他的就只好等待下次机会。因此，虽然每只雄蜂在与蜂王交配之后就会立刻死亡，它们仍然争先恐后地抢夺这个"一夜风流"的机会，以便留下自己的后代。

工蜂在群体中要算最勤劳的了。虽然它们也是雌性，但生殖器官发育不全，不会生育，寿命也比蜂王短得多。在群体中，工蜂的数量占绝对优势，负责清洁蜂巢、哺育幼蜂、分泌蜂王乳、构筑蜂巢、守卫和采蜜等各项工作。它们没有与雄蜂交配的机会，所产的卵为没有受精的卵，经孵化后都成为雄蜂。而蜂王与雄蜂交配

工蜂是最勤劳的

后，其卵与雄蜂的精子结合成为受精卵，由受精卵孵化的幼虫都是雌性的。这些雌性幼虫如果一直被喂以蜂王乳，就会发育成蜂王；如果前三天喂蜂王乳，以后喂以蜂蜜的话，就变成工蜂。

工蜂的劳动有细致的分工。工蜂的寿命只有 5 个星期左右。在这 5 个星期中，它们每时每刻都在辛勤地工作。在它们出世后的第 1～3 天，就当上了"清洁工"，负责把蜂巢里面打扫得干干净净。第 4～5 天则成为"保姆"，负责用花粉与花蜜喂养幼虫。第 6～12 天，它们又改当"佣人"，负责分泌蜂王乳来伺候蜂王。第 13～17 天，它们充当"建筑工"的角色，负责分泌蜂蜡建造蜂巢，另外还要把花蜜加浓及把花粉捣

广角镜

蜜囊

蜜囊，蜜蜂体内贮存花蜜等液体物质的嗉囊，位于食管与前胃之间。工蜂采集的花蜜或水贮存在蜜囊中携带归巢。通过蜜囊的收缩，蜜汁或水可返回口腔。蜜囊有很大的胀缩性，平常的容积约 14～18 微升（注：1 毫升＝1 000 微升），吸饱蜜汁后，可胀大到 55～60 微升。工蜂的蜜囊较蜂王和雄蜂发达。

碎，以便酿造蜂蜜。第18～20天，它们又成为"卫士"，负责保卫蜂巢的安全。从第21～35天，是它们生命的最后一段时间，也是工作最为繁重的日子，除了做各种工作外，还要出外采蜜。工蜂之所以能从事这些劳动，是因为它们身上有一些特化的"工具"器官。它的消化道"前胃"已变成一个富有弹性的"袋"——蜜囊，可以用来盛放花蜜；两后腿上有一对运载花粉团的"花粉篮"；尾部的产卵器则变成了自卫的武器——螫针。

工蜂采集花蜜的工作极为繁重。在通常情况下，1只工蜂1天要外出采蜜40多次，每次采100朵花左右，但采到的花蜜只能酿0.5克蜂蜜。如果要酿1 000克蜂蜜，而蜂房和蜜源的距离为1.5千米的话，几乎要飞行12万千米的路程，差不多等于绕地球飞行3圈。

蜜蜂采集花蜜

蜜蜂是怎么知道哪里有花蜜的呢？在一般情况下，野外的工蜂总是在一定的范围内采蜜，而且主要是从一种植物的花上采蜜。由于采蜜经验的不同，它们的采蜜速度和采蜜方法存在着明显的个体差异。不过，工蜂具有较强的学习能力，它们可以学会把食物和特定的信号，如花朵的颜色和特定的形状等联系起来，形成条件反射。工蜂的学习速度也是很快的，而且学习速度同信号本身有着密切的关系。

虽然工蜂个体的采蜜行为常常趋于特化，但作为一个群体却能够对资源的变化作出迅速的反应，它可以调动大部分成员到一种报偿最高的植物花上去采蜜，这样既能有效地利用集中的食物资源，也能有效地利用分散的食物资源，极大地提高了采蜜的效率。群体对资源变化的敏感性和对报偿较高植物的特化，主要是依靠它们极为发达的侦察活动和通讯能力。

通常在一个群体中，每天大约有1 000只新的工蜂准备承担采蜜任务，它们中的大多数都首先留在蜂箱内值"内勤"，只有少数作为"侦察员"四处寻找蜜源。当侦察蜂在外面找到了蜜源，它就吸上一点花蜜和花粉，很快地飞回来。回到群体后，它就不停地跳起舞蹈来。这种舞蹈是蜜蜂用来表示蜜源的远近和方向的。蜜蜂舞蹈一般有圆形舞和"8"字舞两种。如果找到的蜜源离开蜂巢不太远，就在巢脾上表演圆形舞；如果蜜源离得比较远，就表演"8"字舞。在跳舞时如

蜜蜂舞蹈是其特有语言

果头向着上面，那么蜜源就是在对着太阳的方向；要是头向着下面，蜜源就是在背着太阳的方向。

　　这种"蜜蜂的舞蹈"成为它们特有的语言。更为有趣的是，在世界上不同地区生活的蜜蜂表达这种信息的舞姿各不相同。

　　在蜂箱里的工蜂，得到了侦察蜂带来的好消息，就很快地飞出箱外，按着它所指引的方向飞去。这些外出的蜜蜂吃饱花蜜飞回来以后，也同样地向同伴们跳起舞来，动员大家都去采蜜。这样一传十、十传百，越来越多的蜜蜂都奔向蜜源，进行大量的采集工作。

　　春夏季节是鲜花盛开的时期，蜜源最为丰富。这时候，工蜂开始频繁地外出采蜜。它们停在花朵中央，伸出精巧如管子的"舌头"，"舌尖"还有一个蜜匙，当"舌头"一伸一缩时，花冠底部的甜汁就顺着"舌头"流到蜜胃中去。工蜂们吸完一朵再吸一朵，直到把蜜胃装满，肚子鼓起发亮为止。

　　采集花蜜如此辛苦，把花蜜酿成蜂蜜也不轻松。所有的工蜂先把采来的花朵甜汁吐到一个空的蜂房中，到了晚上，再把甜汁吸到自己的蜜胃里进行调制，然后再吐出来，再吞进去，如此轮番吞吞吐吐，要进行 100～240 次，最后才酿成香甜的蜂蜜。

　　为了使蜜汁尽快风干，千百只工蜂还要不停地扇翅，然后把吹干的蜂蜜藏进仓库，封上蜡盖贮存起来，留作冬天食用。

工蜂除了调制"细粮"蜂蜜外，还会把采蜜带回来的花粉收集起来，掺上一点花蜜，加上一点水，搓出一个个花粉球，做成蜜蜂们平时吃的"粗粮"。

工蜂饲喂幼虫是区别对待的，头三天，对所有的幼虫都喂蜂王乳，往后工蜂和雄蜂的幼虫就只能吃到由蜂蜜和花粉调制的"粗粮"，而王台里

蜜蜂是最辛勤的昆虫

的蜂王幼虫却一直享受营养丰富的蜂王乳，从而使它能发育成蜂王。幼虫经过工蜂6昼夜的精心照料后开始化蛹。工蜂用蜡片将虫房封上盖。在蛹房里，蜂王蛹经过7天、工蜂蛹经过12天、雄蜂蛹经过15天的蜕变，最后羽化成成虫，破盖而出。

蜂王出房后必须与雄蜂交配才能履行它产卵的天职。蜂王的交配是在空中进行的，这叫作"婚飞"。在"婚飞"时，许多雄蜂竞相追逐一只蜂王，最后，最强健者追上了蜂王，并与之交配。在"婚飞"期间，一只蜂王可以同好几只雄蜂交配，直到它体内的贮精球装满了精液，足够终生产卵使用时为止。此后它一生都不再交配。

采集花蜜是蜜蜂一生的工作

蜜蜂也会"分家"，每当巢内蜜蜂增加到一定数量，工蜂劳动力过剩，出现拥挤窝工现象的时候，工蜂就营造新王台，培育新蜂王。老蜂王逐步缩小腹部，停止产卵。当新蜂王即将出房的时候，老蜂王就带领一部分喝

饱了蜜的青壮工蜂飞离老巢，选择新居，重新安家立业。旧巢内，新蜂王一出房就竭力搜寻破坏其他未出房的王台，把"王位"的潜在争夺者扼杀在"摇篮"里；或是找同时出房的新王进行"决斗"，以争夺"王位"，最后，由胜利者承袭"王位"。蜜蜂就是用这样的方式进行"分家"，从而繁殖群体的，这种"分家"的方式俗称"自然分蜂"。在自然情况下，蜜蜂一年可进行 2~3 次分蜂。

蜜蜂是属于膜翅目蜜蜂科的昆虫，全世界已知大约有 30 000 种，我国已知大约有 1 000 种。蜜蜂酿制蜂蜜，不仅为自己准备好了口粮，还为植物传播花粉起到了巨大作用。在为果树和农作物传粉的昆虫中，蜜蜂是绝对的主力军。例如，一只蜜蜂一次飞行，能给瓜类带来 48 000 粒花粉，而一只蚂蚁只能带 330 粒。通过蜜蜂的传粉，果树和农作物的产量能得到大幅度的增加。

基本小知识

花　粉

　　花粉是种子植物特有的结构，相当于一个小孢子和由它发育的前期雄配子体。在被子植物成熟花粉粒中包含 2 个或 3 个细胞，即 1 个营养细胞和 1 个生殖细胞或由其分裂产生的 2 个精子。在 2 个细胞的花粉粒中，2 个精子是传粉后在花粉管中由生殖细胞分裂形成的。在裸子植物的成熟花粉粒中包含的细胞数目变化较大，从 1~5 个或更多个细胞，其中有 1~2 个原叶细胞，是雄配子体中残留的几个营养细胞，形成后往往随即退化，在被子植物的雄配子体中已完全消失。

◆ 采食技巧独特的熊蜂

　　熊蜂的外形同蜜蜂差不多，体外的几丁质表皮上覆盖着软毛，这些软毛在采集花粉时具有重要的作用，特别有利于植物的传粉。在它们的头部有 2

熊　蜂

条具有嗅觉功能的触角，还有 2 个同视觉的大复眼。头部的下方为口器，其上有吻和特别发达的上颚。熊蜂的吻是用于从植物上采集花蜜和花粉的重要器官。有趣的是，不同种类的熊蜂，吻的长度是不一样的。其中长颊熊蜂吻的长度可达 18～19 毫米，比蜜蜂的吻要长 3 倍。但也有一些种类的吻很短，比如卵腹熊蜂的吻的长度只有 7～10 毫米。吻长的熊蜂种类往往喜欢采集深花冠的植物，这样它们不必咬破花冠就能采集到花蜜，而这些深花冠的植物也正需要长吻类熊蜂来帮助它们进行授粉。熊蜂的上颚很尖利，不仅能咬破花冠吸取某些植物的花蜜，还能咬穿坚硬的土壤来清理巢房和营造巢室。熊蜂有 3 对足，可以用来从全身的绒毛上收集花粉粒，并且把这些花粉粒打扫到后足的花粉筐内，在营造巢室的时候也很有用。熊蜂的 2 对翅除飞翔外，还可通过扇动来调节巢内的温度和湿度。与蜜蜂相似，它们的腹内也有贮蜜囊，采集到的花蜜可以装入蜜囊带回巢内。在它们腹部的末端具有毒腺和尾针，也能螫刺，是防御和攻击的主要武器。但与蜜蜂有所不同，熊蜂螫刺后能将尾针拔出，并能进行连续螫刺，而自己却不会死亡。

基本小知识

花　冠

花冠是一朵花中所有花瓣的总称，位于花萼的内侧。颜色鲜艳而有芳香的花冠，系对虫媒的适应。花瓣各瓣完全分离的，称离瓣花冠，如十字花科油菜花花冠；全部或基部合生的称合瓣花冠，如曼陀罗花冠。依照花冠的形状，可分为轮状、壶状、钟状、筒状、盆状、漏斗状、舌状、蝶状、唇形等。

　　工蜂是繁殖器官发育不全的雌熊蜂，它们不能和雄蜂交配。蜂王是受精的越冬雌熊蜂，它的寿命包括越冬期在内平均为 1 年，活动时期为 3～5 个月。蜂王从蛹内羽化出来时，当巢内粮食不足的时候虽然也能在花上采集花蜜，但只为自食，不为蜂群采食。蜂王一生只有一次交配现象，它们首次飞出巢外就能交配，交配在飞翔中进行，但也可在地面花草等物体上进行。工蜂在外形上和能生育的蜂王相类似，但在个体大小上有差别。当巢内失去蜂王时，工蜂产未受精卵培育雄蜂，直至巢内食粮消耗完为止。

　　自然界中的大量雄蜂是由工蜂产未受精卵而育成的，仅有极小部分是由蜂王产未受精卵育成的。雄蜂腹部的末端钝圆，没有尾针，胸背和腹部的彩色带多半是不同的，刚好与头部唇基软毛的色彩一样。此外，雄蜂还有较长的触角，飞行时发出较混浊的"粗音"，它们的飞行目的不是为了采集食粮，而是为寻找蜂王。雄蜂仅在巢内短时间栖居，羽化出巢后 3～5 昼夜就永远离开蜂巢，在巢外过露天生活，并开始与蜂王进行交配活动。雄蜂独自采食，晚上常停留在取食的花上或在草丛内潜伏，其寿命的长短常与气候和交配时间长短有关，一般可以持续 1 个月左右。

　　熊蜂是属于膜翅目蜜蜂科熊蜂属的昆虫，在全世界已知有大约 300 种，我国已知有大约 100 种。虽然也属于社会性昆虫，但熊蜂不像蜜蜂的社会那样庞大，而且也没有蜜蜂那样发达的通讯能力。当熊蜂发现一个蜜源地后，既没有能力召唤同伴一起去采食，也不能靠群体协调一致的行动来对付其他的蜜蜂和劫掠别人的蜂

熊蜂不如蜜蜂社会庞大

巢，更不能像无刺蜂那样占有和保卫一个取食领域。因此，在任何一个熊蜂社会中，通常都是不同的个体去采访不同植物的花，这样一个群体就能依靠个体特化提高采食效率和做到广采博收，因为它发挥了每一个个体的采食专

长。这种个体特化是一种成功的采食对策，特别是对那些结构比较复杂的花来说，因为从形态各异的花朵中采食花粉和花蜜，必须具备多样的采食技巧，并能完成一些特殊的动作。例如：为了采集一种茄属植物的花粉，熊蜂必须先用上颚抓紧花朵，然后靠胸肌的收缩使花朵震颤，并把花粉从管状花药上震落到自己身体腹部的腹

熊蜂采蜜

面，然后再从那里把花粉送到花粉筐中去；在采集野玫瑰花粉时，熊蜂先在浅杯状的花朵中抓住一组花药，将花粉抖落，然后再去摇动另一组花药……最后才把花粉从自己体毛上刮下来；为了采集乌头属植物的花蜜，熊蜂必须越过花药，钻到花朵的前部，然后从由花蜜容器演变而成的两片变态"花瓣"的顶部吸食花蜜。

拓展阅读

茄　属

　　茄属，有一年生植物、多年生植物、灌木、矮灌木及攀缘植物等多种形态。单叶，偶复叶；花冠常辐射状；花药侧面复合，顶孔开裂。它们多拥有美丽的花朵及果实，但不少均带毒，只有少数可供人们食用，例如番茄、马铃薯、茄子等。有些茄属植物可以作为鳞翅目昆虫幼虫的食草。

　　在自然界，食物资源往往是分散分布的，难得有集中而丰富的食物基地，所以，熊蜂每次外出采食常常要采访几百朵花，这些花大约分布在 500 平方米的范围内。在这个范围内同时还会有其他熊蜂在活动，由于熊蜂没有召唤同伴的通讯能力，所以任何一个群体都无法独占一个采食区。在这种

情况下，如果停止采食活动而去追逐和攻击其他熊蜂对自己只会带来不利，所以最好的取食对策就是埋头采蜜。事实正是如此，花朵上的熊蜂总是倾尽全力专心工作，专心致力于采食和提高采食效率，决不花时间和精力去驱赶其他的竞争者。

同蜜蜂相比，熊蜂群体的寿命要短得多，到秋末就解体了，只留下受过精的蜂王越冬。因此它们不需要为过冬而采集和贮存食物，也不需要在培养大量新的蜂王和雄蜂上消耗资源。总之，熊蜂的采食对策是成功的，这种成功的采食对策主要是依靠个体的特化采食技巧，每个个体通过特化都能较有效地利用几种蜜源植物，这样大家合起来，就能最有效地利用有限的资源。

▶ 美丽的杀手——姬蜂

姬蜂的身体大多是黄褐色的，体型较为瘦削，腰细如柳，头前有一对细长的触角，尾后拖着三条宛如彩带的长丝，再加上两对透明的翅，前翅上还有两个像眼睛一样的小黑点，飞起来摇摇曳曳，十分漂亮，有时甚至有飘然欲仙的意境，因此得名"姬蜂"，有小巧玲珑、温柔美丽的意思。不过，尾后的长带只有雌姬蜂才有。那是一条产卵器和产卵器的鞘形成的三条长丝，在有些种类中这些长丝甚至超过自己的身长，这在昆虫中是极为少见的。

姬蜂是属于膜翅目姬蜂科的昆虫，全世界已知大约有 15 000 种，我国已知大约有 1 250 种。它们都是靠寄生在其他昆虫的身体上生活的，而且是这些寄主的致命死敌。它们的寄生本领十分高强，即使在厚厚的树皮底下躲藏的昆虫也难逃其手。姬蜂幼虫时期都是在其他昆虫幼虫或蜘蛛等的体内生活的，以吸取这些寄主体内的营养来满足自己生长发育的需要，最后寄主因被掏空了身体而一命呜呼。所幸的是，姬蜂中的大多数种类都是寄生在农、林害虫的身体里，因此可以利用姬蜂来消灭这些害虫。

姬蜂为了能让自己的下一代在寄主体内寄生，施展了各种各样的本领。例如，柄卵姬蜂所产的卵上都有各种不同式样的柄，这种柄起着固定卵的作用。如果有 1 粒卵产在蛾子或蝴蝶的幼虫的身体上，这粒卵就能靠柄深深地插入幼虫体内，甚至在幼虫蜕皮时也不会掉下来，等到姬蜂的幼虫孵化出来时，便以这个蛾子或蝴蝶的幼虫为食。这种特殊的构造，使姬蜂寄生的效率大为提高。

沟姬蜂的本领更大。它们不但善飞，而且还会在水中潜泳。当它们在水中找到了可以寄生的水生昆虫的幼虫，便将卵产在它们身上。为了后代能在水中呼吸，姬蜂还拖出一条里面有空气且能在水中飘动的细丝，从而给后代准备了一个"氧气管"。

趋背姬蜂的幼虫必须寄生在大树蜂幼虫的身体上才能生长发育。趋背姬蜂的嗅觉不错，可以根据大树蜂排

姬　蜂

到松树外面的粪便气味和一种生长在大树蜂身上的菌类味道，顺藤摸瓜地寻找到它的肥胖幼虫。不过，要把卵产在大树蜂幼虫的身体上，趋背姬蜂还要费一番工夫，因为这需要它把自己那条 4～5 厘米长的产卵器穿过木材后才能伸到寄主的身体上。因此，趋背姬蜂首先在树干外把末端有锉状纹的产卵器对准目标，然后用柔软的

姬蜂的本领很大

腹部不断扭转产卵器，使产卵器钻入树干内，再将一粒粒卵通过细长的产卵器产到寄主的身上。由于卵的直径大于产卵器直径，所以在细管中运行时，卵被拉成了长条形，到达目的地后才恢复原状。

趋背姬蜂的嗅觉很好

姬蜂的寄生大致上可以分为两种形式：一种是在寄主的身体外面寄生，另一种是钻到寄主的身体里面寄生。通常，在一个寄主的身上只能有一种姬蜂寄生，如果有两种姬蜂同时寄生时，就会引起一番激战。因此，许多种类的姬蜂都有一种探测本领，当它们在寄主的身体上准备产卵之前，能够判断出这个寄主是否已被别的姬蜂占领，如果发现已经有了先来者，它就会马上转移，去另找新的寄主。在进行害虫防治方面，这种具有判别能力的姬蜂有着更为广泛的利用价值。

姬蜂具有探测本领

知识小链接

寄　生

两种生物在一起生活，一方受益，另一方受害，后者给前者提供营养物质和居住场所，这种生物关系称为寄生。主要的寄生物有细菌、病毒、真菌和原生动物。在动物中，寄生蠕虫特别重要，而昆虫是植物的主要大寄生物。专性寄生必需以宿主为营养来源，而兼性寄生则能营自由活动。拟寄生物包含很多昆虫，它们在昆虫宿主身上或体内产卵，通常会导致寄主死亡。

姬蜂寄生本领高强

有趣的是，有一种善于投机取巧的姬蜂，自己没有钻树的本领，却专寻找趋背姬蜂钻好洞产完卵后的孔道，找到后再把自己同样长但却要细一些的产卵器插入树干，在那个已被趋背姬蜂寄生过的大树蜂幼虫的身体上再产下自己的卵。这种姬蜂的幼虫孵出后，由于拥有强大的口器，所以能首先将孵化出来的趋背姬蜂的幼虫咬死，再独自享用大树蜂幼虫的身体。

一般来说，姬蜂作为一个在寄主体内生活的寄生者，其身体通常要比寄主的身体小一些，而且它们孵化的时间也要比寄主的短一些。姬蜂幼虫的发育常常受到寄主发育的影响，当寄主停止发育进入滞育期时，姬蜂幼虫也随之进入滞育期。据研究，姬蜂这种与寄主发育相一致的现象是由寄主内分泌的影响造成的。由于姬蜂幼虫的皮肤很薄，当寄主进入滞育期时，其体内所产生的影响滞育的内分泌物质也同样渗入到了姬蜂幼虫的体内，从而引起姬蜂幼虫的滞育。这也是姬蜂在长期营寄生生活的过程中形成的一种适应现象。

姬蜂

姬蜂种类多，数量大，寿命长，寄生本领高强，尤其是以害虫为寄主的种类很多，因而使它们成为了不少害虫的天敌。不过，它们也有一些缺点，就是它们寄生范围太广，有时也会寄生在一些有益的昆虫或蜘蛛的身上，甚至一种姬蜂还会寄生在另一种姬蜂的身上。这一点在人工利用的过程中需要多加注意。所幸的是，有这种缺点的姬蜂在庞大的姬蜂家族中为数并不算多。

◀️ 相扑运动员——蟋蟀

蟋蟀的俗名叫"蛐蛐儿"，是我们很熟悉的身边小动物，常生活在野草地、农田、瓦砾堆、篱笆根或墙缝中。蟋蟀优美动听的歌声并不是出自它的好嗓子，而是它的翅膀，它是靠振动翅膀发出声音的。

蟋蟀没有耳朵，但在它的前腿上长着耳状体。这个耳状体其实是像小鼓一样的皮肤膜，这层皮肤膜能感受到震动，可以当特殊的"耳朵"使用。

当蟋蟀的腿部受了伤，让敌人捉住时，它就切断那条腿逃跑，这种行为称为"自绝"。虽然切断的腿不能再长出来，但是在危险面前，还是保命要紧。

雌蟋蟀身体末端有一个长而扁平的排卵器，它通常把卵产在土中或植物上，孵化后的幼虫叫作若虫或跳虫。跳虫很像小型的成虫，但是没有翅膀。它们不断地进食后会蜕皮，经过6

拓展阅读

蜘　蛛

蜘蛛是节肢动物门蛛形纲蜘蛛目所有种的通称。除南极洲以外，全世界均有分布，其范围从海平面到海拔 5 000 米处，均陆生。其体长 1～90 毫米，身体分头胸部和腹部两部分，头胸部覆以背甲和胸板。头胸部有附肢两对，第一对为螯肢，有螯牙，螯牙尖端有毒腺开口，直颚亚目的螯肢前后活动，钳颚亚目者侧向运动及相向运动；第二对为须肢，在雌蛛和未成熟的雄蛛呈步足状，用以夹持食物及作感觉器官，但在雄性成蛛须肢末节膨大，变为传送精子的交接器。

次蜕皮，就变成真正的蟋蟀了。

当你在夜间清晰地听到蟋蟀高唱时，便预示着明天是个好天气，你大可放心准备上路出远门。

在新西兰有一种蟋蟀叫维塔，是世界上最大的蟋蟀。它的身体比苍蝇大 100～150 倍，体重达七八十克，是一般蝗虫的 50 倍。这种昆虫在近 2 亿年的时间里几乎没有一点进化，它的形体特点一直保持到现在，是新西兰最早的生命体。

蟋　蟀

美丽的杀手——瓢虫

瓢虫是世界上最受人们喜爱的小甲虫之一。它们的身体圆圆的，甲壳的颜色非常漂亮，有些是黑色带有黄色或红色斑纹的，有些是黄色或红色带有黑色斑纹的，也有些是黄色、红色没有斑纹的。

我们常常用"七十二变"来形容孙悟空的变化多端。对于瓢虫来说，"七十二变"算不了什

新西兰

　　新西兰，位于太平洋西南部，是个岛屿国家。新西兰两大岛屿以库克海峡分隔，南岛邻近南极洲，北岛与斐济及汤加相望。其面积 26.8 万平方千米，首都惠灵顿，最大的城市是奥克兰。新西兰经济蓬勃，属于发达国家，鹿茸、羊肉、奶制品和粗羊毛的出口值皆为世界第一。新西兰气候宜人、风景优美、旅游胜地遍布、森林资源丰富，生活水平也相当高，联合国人类发展指数排名第 3。

么。瓢虫中变化最多的是眼斑灰瓢虫，有将近 200 种变化，这常常使人误以为瓢虫有很多种。

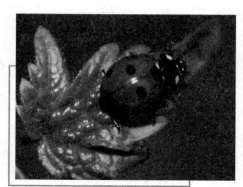

瓢虫比其他昆虫精明得多，它甚至在变成蛹的时候也留着个心眼。当蚂蚁碰到蛹时，蛹会忽然竖起来，这种举动会把蚂蚁吓得魂不附体，立即跑得无影无踪。

瓢 虫

七星瓢虫是我们最常见的瓢虫，它的甲壳就像半个红色的小皮球，上面长着 7 个黑色的斑点。七星瓢虫个头不大，却是捕食蚜虫的好手，一只七星瓢虫一天可吃掉上百只蚜虫。

拓展阅读

关 节

　　骨与骨之间连接的地方称为关节，能活动的叫"活动关节"，不能活动的叫"不动关节"。一般所说的关节是指活动关节，如四肢的肩、肘、指、髋、膝等关节。关节由关节囊、关节面和关节腔构成。关节囊包围在关节外面，关节内的光滑骨被称为关节面，关节内的空腔部分为关节腔。正常时，关节腔内有少量液体，以减少关节运动时的摩擦。关节有病时，关节腔内液体会增多，形成关节积液和肿大。关节周围有许多肌肉附着，当肌肉收缩时，可作伸、屈、外展、内收以及环转等运动。

瓢虫的幼虫脚底下会分泌出一种黏黏的液体，它的尾部有一个吸力强大的吸盘，这样的生理结构可以帮助幼虫在光滑的树干或树叶上活动自如，而不会滑落。

瓢虫的脚关节处能分泌出一种很臭的黄色液体，使它能有效地摆脱敌人的追捕。

➡ 一生辛苦的动物——蚕

"春蚕到死丝方尽"。蚕可以吐丝，蚕丝是优良的纺织纤维，是绸缎的原料。蚕原产于中国，我国在几千年前就开始人工养蚕了，小小的蚕为人类作出了巨大贡献。

桑蚕又称家蚕，是以桑叶为食料的、吐丝结茧的经济型蚕类，主要分布在温带、亚热带和热带地区。如今，人工饲养的蚕类大都是桑蚕。

蚕的一生要经历蚕卵、蚁蚕、蚕宝宝、蚕茧、蚕蛾等阶段，共 40 多天的时间。刚从卵中孵化出来的蚕宝宝黑黑的像蚂蚁，我们称为"蚁蚕"。蚕宝宝以桑叶为食，不断吃桑

蚕

叶后身体变成白色，经过 4 次蜕皮就开始吐丝结茧，在茧中进行最后一次蜕皮，就变成蛹。再过大约 10 天，蛹羽化成为蚕蛾。

蚕蛾的形状像蝴蝶，全身披着白色鳞毛，但由于两对翅膀较小，不能飞行。雌蛾比雄蛾个头要大一些，雄蛾与雌蛾交尾后，3～4 小时后就会死去，雌蛾一个晚上约产 500 个卵，产卵后也会慢慢地死去。

蚕吐丝结茧时，头不停摆动，将丝织成一个个排列整齐的"8"字形丝圈。家蚕每结一个茧，需要变换 250～500 次位置，编织出 6 万多个"8"字形的丝圈，丝圈平均 0.92 厘米长，一个茧的丝长可达 700～1 500 米。

潜伏高手——螳螂

　　螳螂是体型较大的一种昆虫。它的体长约为 6 厘米，头部呈三角形，上面长着 1 对大的复眼及 3 个小的单眼，头顶长有 2 根细长的触角。螳螂的前足粗大并且呈镰刀状，因此也被称为"刀螂"。

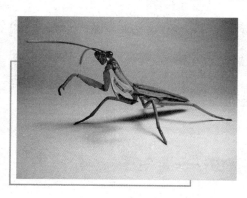

螳　螂

　　昆虫类都需要保持触角的洁净，以维持它的灵敏度。螳螂也不例外。它常常会把触角拉进嘴里，为它打扫卫生。

　　螳螂的体色与它所栖息的叶子颜色十分相似，因此常常有猎物因误认为它是叶子而成为它的美食。如果与鸟类相遇，螳螂就会直立起身子，把前脚合并在一起，这样看起来就像是蛇的眼睛，鸟类就会吓得逃之夭夭。

　　螳螂的性情古怪，雌螳螂在交尾时甚至会吃掉雄螳螂。所以雄螳螂有时

螳螂是一种性情古怪的昆虫

会事先找到一只昆虫献给雌螳螂，在它吃东西时趁其不备跳到雌螳螂背上强行交尾。

用"静如处子，动如脱兔"来形容螳螂最恰当不过。螳螂的身段修长优雅，手执"大刀"，威风凛凛，颇有一代宗师的气度，难怪有螳螂拳和螳螂腿的武功招式呢。

每年秋季，雌螳螂会从腹部前端分泌一种黏稠的液体，并转动腹部使液体变为泡沫状，然后将卵产在液体上。产完卵后，泡沫状的液体会凝固，变成一个既保暖又防水的卵囊。卵在其中孵化成若虫，然后再羽化为成虫。

基本小知识

交 尾

交尾指的是雄性动物与雌性动物为繁衍后代而进行的交配行为，雄性的精子会进入雌性体内，并且与卵细胞发生受精作用。但若受精过程发生在体外或是没有交配过程，则不称为交尾，例如鱼类（雄性和雌性将生殖细胞排到水中，完成受精）或是人工授精。

◤ 长金子的害虫——金龟子

金龟子是人们熟知的甲虫，种类有很多。每种金龟子都有一身坚硬的外衣——鞘翅。鞘翅的色彩千变万化，耀眼夺目，在阳光下它们总是闪着明亮的光泽。金龟子是一种害虫，专吃植物的嫩茎、叶，给庄稼造成很大的损害。

1934 年，一位捷克科学家采集大量的金龟子，并把它们烧成灰，结果从 1 千克的金龟子中，居然获得了 25 毫克的金子。

金龟子

在南美洲生活着一种金龟子，它们有一大怪癖——将哺乳动物的粪便奉为至宝。如果地上有一堆粪便，首先到达的一定是雄金龟子，它们利用粪便来吸引伴侣。谁的粪球越大，谁的机会就越多。

铜绿丽金龟、棕色鳃金龟、黑绒鳃金龟都是害虫，主要啃食各种植物的叶片。因为它们是夜行性动物，大多数都有趋光性，可以用黑光灯来诱杀。

广角镜

捷 克

捷克是位于中欧地区的内陆国家，其前身为捷克斯洛伐克，于 1993 年与斯洛伐克和平地分离。其四个邻国分别为北方的波兰、西北方的德国、南方的奥地利与东南方的斯洛伐克。今日的捷克主要包含了过去奥匈帝国时代波希米亚与摩拉维亚这两个传统省份，与一小部分的西里西亚之土地范围。首都为最大城市布拉格，跨伏尔塔瓦河两岸，风景秀丽。捷克于 2006 年被世界银行列入发达国家行列。在东部欧洲国家中，捷克拥有很高水平的人类发展指数。

兜虫属于金龟子家族的成员，它是全世界体型最大的甲虫之一。兜虫头上的角长达 8 厘米，几乎相当于它的体长。

大头金龟子是按照天空偏振光"导航"的。有时，它为了吃植物的嫩茎绿叶，会沿着曲折的路径蜿蜒前进，但是回家时却总是走捷径。有人做过一个试验：

把金龟子放在一块平板上，无论板如何倾斜，只要能看到天空和太阳，它们就能顺利地回家，从来不会迷失方向。

放屁虫——椿象

椿象的俗名叫"臭大姐""放屁虫"。它体态扁平，长着非常漂亮的甲壳。如果你用手碰触到这种昆虫，手就会沾满臭气，很长时间都不会散去。臭气正是椿象的武器，在遇到敌害时，它就是利用奇臭无比的气味把敌人吓跑的。

椿象有一种特殊的本领，在其安全受到威胁时，会发出"噼啪"声响，从尾部喷出一股"青烟"，散发出难闻的气味，令敌人闻风丧胆。椿象的"化学武器"来自它发达的臭腺，小椿象的臭腺开口在后背，长大后臭腺的开口又会转移到侧面。负子椿是少数几种生活在水里的椿象之一，为了延续后代，它们甚至可以付

椿 象

出生命的代价。在产卵期，雌负子椿将卵产于雄负子椿的背上，大约产100粒卵之后就会"精疲力竭"地死去。雄负子椿就背着这些卵到处游动，幼虫孵出来不久，雄负子椿的生命也就结束了。

椿象的种类繁多，其中多数是农业的害虫。但是，农田里常见的食虫椿象却是人类的好朋友，它们能够捕食田里许多对农作物有害的小虫子。

别看椿象"放屁"习惯不佳，却个个是慈爱的父母，是少数有护幼行为

的昆虫之一。为了安全地将幼虫从卵中孵化出来，雄椿象会像母鸡孵蛋一样，将卵抱在腹下，直至小椿象出生。

👁 与人类争食的害虫——蝗虫

蝗虫的体色多为绿色或褐色，它们有着坚硬的口器，后足强劲，适于跳跃。蝗虫对庄稼的危害非常严重，人们把它与洪水、旱灾一样看成是对人类造成最大损失的灾难。一个大的蝗虫群每天可以吃16万吨食物，多惊人的数字啊。

有一种蝗虫可以根据不同的环境改变身体的颜色。而有些蝗虫因栖息地不同，会有黑色、褐色、绿色的体色，这些体色可以帮助它们巧妙地隐藏在周围的环境中。

拓展阅读

臭 腺

臭腺亦称臭液腺，是分泌恶臭液体的一种腺体。不同种类的动物，其臭腺的所在部位也不同。在昆虫中，石蚕类的两对臭腺位于其第1~7腹节的腹面，因而也称基节腺。半翅目的椿象类的动物能发散出某种恶臭的分泌物，因此这种腺又称为臭腺或后胸腺，其分泌物贮存于贮藏囊中，贮藏囊的一端开口于胸部的腹面。一般认为，它是一种防御性的物质。

沙漠蝗所到之处，各种绿色植被无一幸免。通常，一只沙漠蝗每天要吃掉相当于自身重量2倍的食物。

在东北，有人亲眼见到一群蝗虫排成高30米、宽1 500米的阵势前行，那场面可以用遮天蔽日来形容。经过9个小时蝗虫才散开，场面既震撼又恐怖。

春去秋来，农民们辛辛苦苦地把一片荒地

蝗虫

开垦出来，种上庄稼，快要丰收的时候，此时，如果一群蝗虫铺天盖地地飞来，转眼之间，庄稼就会被席卷一空，农民们一年的辛苦就白费了。蝗虫真是害人不浅。

雌蝗虫有短的产卵管，它们用产卵器挖土产卵。雌蝗虫的每一个卵囊都能孵化出上百个幼虫。2 周左右的时间过后，米粒大小的幼虫便孵化而出，幼虫再经过 4 ~ 5 次的蜕皮就能变为成虫。

知识小链接

栖息地

栖息地原本是指围绕一物种或物种种群生活和生长的自然环境。栖息地不只是单一物种种族，而是很多物种聚集共同生存的地理区域。影响栖息地的主要因素为降雨量以及经纬度，离赤道愈近、降雨量愈多及气候愈温暖的栖息地，物种的种类通常较其他地区更丰富；相对的，离赤道愈远、降雨量愈少及气候愈寒冷的栖息地，物种的种类就较温暖、降雨量多的地区稀少。

◆ 美丽的歌者——蝉

每到夏天，我们都可以听到蝉为我们展示它那嘹亮的歌喉。蝉的俗名叫"知了"，其实是一种害虫，它针状的口器可以刺入树皮吸取汁液，严重危害树木的健康。

蝉是声名狼藉的"歌手"。在夏日炎热的午后，它们为找寻配偶而大声鸣叫，音调之高，常常令人难以忍受。一些叫声很大的蝉，声音甚至可以超过120分贝。

蝉不同于其他鸣虫，它有趋光性，喜欢向光明的地方飞去。当夜幕降临时，只需在树干下烧堆火，同时敲击树干，蝉便会立即扑向火光。这时候，就可以很容易地捉到它了。

蝉的一生中大部分时间都在漆黑的地下度过，幼虫在土中要生活 6 ~ 7 年。与幼虫相比，成虫的生命非常短暂，仅持续几个星期。雌虫在树干或树枝上产卵后，就死了。卵在第二年孵化成无翅的若虫，若干年后，若虫慢慢蜕去外壳，变成一只长有羽翅的成虫。

蝉

雄蝉和雌蝉都有听觉，一对大的镜面似的薄膜就是它的耳膜，耳膜由一条短筋连接着听觉器官。当一只雄蝉大声鸣叫时，它会将耳膜折叠起来，以免被自己的声音震聋。

昆虫相对于地球上的其他生物而言，寿命算是比较短的。不过，蝉的幼虫最多能活 17 年，也算是昆

耳 膜

耳膜也称鼓膜，为弹性灰白色半透明薄膜，介于外耳道与中耳腔之间。耳膜是分割外耳和中耳的生物薄膜。耳膜是耳的重要组成部分，它获取空气中的声音，并将之传递给中耳里的听小骨。听小骨中的锤骨，直接与耳膜相连。耳膜的破裂或者穿孔会导致传导性听力受损。

虫里的长寿者了。除了它，再没有哪种昆虫可以活这么长时间。

飞行冠军——蜻蜓

蜻蜓是我们非常熟悉的昆虫。夏季的傍晚，它们常常在水塘附近飞舞。

蜻　蜓

蜻蜓的飞行速度十分惊人，它每秒能飞 5～10 米，高速冲刺时能达每秒几十米，可以连续飞行 1 小时不休息。

蜻蜓的复眼系统由 3 万多只小眼组成，每个小眼都是六边形的，它们像一个个凸透镜，起着聚光的作用。

蜻蜓的身体像一架灵活的小飞机。它有两对平展透明的翅膀，就像飞机的机翼，这种体型特别适合飞行。蜻蜓不仅飞得快、飞得高，而且能飞出许多高难度的动作，比如翻圈飞、倒着飞，还可以停在空中。

蜻蜓不仅是昆虫中的飞行冠军，还是吃虫"专家"。它每天大约要捕食 1 000 只像蚊子、苍蝇、蝴蝶这样的小虫。当蜻蜓发现小虫时，便猛冲过去，6 只脚对准目标，同时合拢，小虫就被牢牢地装进"笼子"，成为蜻蜓的美餐。

蜻蜓经常在池塘上方盘旋，或沿小溪往返飞行，在飞行中将卵撒

蜻蜓可算得上是飞行冠军

落在水中。蜻蜓有时贴近水面飞行，把尾部插入水中，产下一些卵，又立即飞起来。这样连续产卵的动作，就是平时我们所说的"蜻蜓点水"。

蜜蜂或蝴蝶在拍打翅膀时，两对翅膀会同时扇动，但蜻蜓却可以独立地控制它的翅膀，当它的前翅向下拍时，它的后翅还可以向上扇。

蜻蜓还是吃虫"专家"

基本小知识

凹透镜

凹透镜亦称为负球透镜，镜片的中央薄，周边厚，呈凹形，所以又叫凹透镜。凹透镜对光有发散作用。平行光线通过凹球面透镜发生偏折后，光线发散，成为发散光线，不可能形成实性焦点。

▶ 水中杀手——龙虱

龙虱是既能在空中飞翔，又能在水中遨游的昆虫。它的体长一般为 3～4 厘米，最大的可达 5.5 厘米。身体为椭圆形而较平扁，主要为黑色，鞘侧缘为黄色，有光泽，有的种类具有条纹或点刻。它长有细长的触角，复眼位于头的后方，口器坚硬而有力。前足的前三节平扁，顶端靠里长有两个短柄的大吸盘和许多长柄的小吸盘，具有吸附作用，用于在交配时吸着在雌龙虱的背上，是雄龙虱捉抱雌龙虱时的得力"工具"，称为抱握足。后足发达，侧扁如桨，上面长着许多有弹性的刚毛。在划水时，刚毛时缩时松，有利于快速游泳。

龙虱的远祖是生活在陆地上的甲虫，所以它们还保留着祖先的一些特点，能在陆地上进行呼吸。因此，虽然大部分时间都在水中生活，但它有时也会离开水体，用翅在空中飞翔。

龙　虱

　　龙虱喜欢生活在水草丰盛的池沼、河沟和山涧等处。它们常常游到水面，将头朝下停在水里，把腹部尖端露出水面，不久便又潜进水下去了。它们也有放臭气的习性，遇到危急时，就从尾部放出黄色的液体或臭气。

　　龙虱长有两排贯通全身的气管，开口位于腹部上面，叫作气门。在它的鞘翅和腹部之间贮存着空气，可以通过气管供给体内。气门口上生有很多刚毛，它像一个"过滤器"，可以让空气通过，滤去杂质。龙虱通过把用过的空气从气管中排出，再把新鲜的空气吸入气管，从而在水中不停地上浮下沉。

　　此外，在龙虱坚硬的鞘翅下，还有一个专门用来贮存空气的贮气囊，在龙虱的腹部形成一个像氧气袋似的大气泡。比人类制造的氧气瓶更奇妙的是，这个气囊不但能贮存空气，还能够生产出氧气供龙虱使用。原来，当龙虱刚潜入水中的时候，气囊中的氧气大约占21%，氮气占79%，而这时，水中溶解的氧却占33%，氮

龙虱是在水陆都可生存的昆虫

占64%，还有3%是二氧化碳。随着龙虱在水中不断地消耗氧气，气囊内和水中的气体含量更加不平衡，于是，多余的氮气就会从气囊中扩散出来，而周围水中的氧气却乘虚而入，进入气囊。由于氧气向气囊内渗入的速度比氮

气扩散的速度快 3 倍，水中的氧气就能源源不断地补充进来，供龙虱呼吸。一直到气囊内的氮气扩散得差不多，不能再渗入氧气的时候，龙虱才会浮出水面，重新将鞘翅下的空间贮满新鲜的空气，然后再次潜入水下遨游。

龙虱是贪吃的昆虫

龙虱十分贪吃，不仅吃小虾、蝌蚪、小虫，连比它大好几倍的青蛙、小鱼，它也要发动攻击。当一只龙虱将小鱼或青蛙咬伤以后，其他伙伴一闻到血腥味，便蜂拥而至，分享"盛宴"。

龙虱是属于鞘翅目龙虱科的昆虫，全世界已知有 4 000 余种，我国已知有 230 余种。它是完全变态的昆虫，1 ~ 2 年完成 1 代。雌龙虱在水生植物枝、叶上产卵。孵化出来的幼虫身体细长，头上长着巨大的颚，像两把镰

龙虱能分泌出具有消化能力的液体

刀，还长有 6 ~ 9 节的短触角、须和两小簇单眼，上颚尖锐、弯曲，内有孔道，能吸食动物汁液。当用颚扎住猎物后，龙虱的幼虫就吐出一种特殊的有毒液体，经由管道进入猎物体内，使其麻痹。接着，它又吐出一种具有消化能力的液体，以同样方法进入猎物体内来溶解并消化猎物。然后，幼虫的咽喉便像泵一样竖着，把消化后的营养物质吸进体内。这是一种特殊的消化方式，叫作体外消化。

龙虱的幼虫也很贪吃，一昼夜能吃掉 50 多只蝌蚪，甚至幼虫们在一起也会互相残杀，斗得你死我活。它有 3 对胸足，能在水中用足划水，同时摆动

腹部，游得很快。

　　幼虫经过 1 个多月的发育成长、蜕皮，就离开水域，到岸边掘洞躲藏。它脱去原来的褐色"外套"，变成白色的蛹。这时候，它就不吃不喝了。再经过 10 多天，它们就变为成虫了。

基本小知识

蝌蚪

　　蝌蚪，是两栖动物——蛙、蟾蜍、蝾螈或蚓螈的幼体，生长在水里。在这个阶段，蝌蚪是透过外部或内部的器官——鳃来呼吸的。起初，它们是没有腿的，而有一条鳍状尾巴，因此令它们能像大多数鱼类般横向波动地游动。当蝌蚪成熟了，它们开始脱变，渐渐长出四肢，并通过细胞凋亡逐渐退化它们的尾巴。蝌蚪生长需依赖清澈的水；多数蝌蚪是食草的，以海藻或其他绿色植物为生。

"建筑专家"——石蛾

　　石蛾因外形很像蛾类而得名，但它并不属于蛾类，因为它的翅面具毛，与蛾类的翅大不相同。

　　石蛾的体型为小型至中型；口器为咀嚼式，极退化，仅下颚须和下唇须显著；头小，能自由活动；复眼大而远离；单眼 3 个，为毛所覆盖；触角颇长，几乎等于体长，丝状，多节，某部若干环节较大；前胸小，

石　蛾

中、后胸相同；翅 2 对（有的雌石蛾无翅），膜质，前翅略长于后翅，有时远

石蛾只吸食花蜜或水

长于体长。脉相原始型，纵脉多，横脉少，后翅常有 1 个折叠的臀区，休息时，翅于体背折叠呈屋脊状，翅面被有粗细不等的毛或鳞。其足细长，适于奔走，基节甚长，胫节有中距及端距，跗节 5 节，爪 1 对，有爪间突，或 1 对爪垫。腹部 10 节，第 5 节有时特化，形成体侧囊，或细长突起。

石蛾是属于毛翅目的昆虫，全世界已知大约有 10 000 种，我国已知大约有 850 种。石蛾常见于溪水边，主要在黄昏和晚间活动，白天隐藏于植物中，不取食固体食物，只吸食花蜜或水。石蛾成虫一般只能活几天时间，所以它们都在迫不及待地寻找配偶。

石蛾的变态类型为完全变态，一生经过卵、幼虫、蛹、成虫 4 个阶段。雌石蛾每次产卵可达 300 ~ 1 000 粒。卵产于水中，借助于胶质附在水中岩石、根干、水生植物上，或悬于水面上的枝条上。幼虫在水中出生，在水中长大。

有趣的是，石蛾成虫并没有它的幼虫有名。它的幼虫叫作石蚕，有"建筑专家"的美誉。石蚕的体形为蠋型或衣鱼

拓展阅读

淡水鱼

淡水鱼是生活在淡水中的鱼类，也是最常见的淡水生物。地球的淡水面积少，淡水鱼种类却异常丰富，全球鱼类约 28 000 种，淡水鱼约 10 700 种，占总鱼类的 41.2%。淡水鱼总数比海水鱼少，但淡水水域只占总水域的 2.5%，平均每种海水鱼可栖息的水体要比淡水鱼高出 7 500 倍。并且由于内陆河川常被分隔，致使淡水鱼易于特化，所以在可栖息水体比海水鱼少的情况下，仍有众多种类。

型，体长仅有 10～15 毫米，直径约 2 毫米；头、胸部骨化，色深，胸足发达，但腹足缺如，仅腹末有 1 对臀足，其上具强臀钩。石蚕的习性比较活泼，多为植食性，以藻类、水生微生物或水生高等植物为食，也有肉食性的，捕食小型甲壳类以及蚋、蚊等小型昆虫的幼虫，也有因季节不同而改变食性的，但石蚕本身又是淡水鱼类的饵料。

在河湖或池塘的水底，有一些用沙子或植物的碎枝条、碎叶子做成的小套子。这些套子随着季节的变化而变换颜色，秋冬是深暗色，春夏是鲜绿色。这些奇妙的小套子，就是石蚕为自己建造起来的"房子"，在这个既是栖身之地，也是伪装避敌之所里，石蚕过着舒适安全的日子。

石蚕的结巢习性高度发达，从管状到卷曲的蜗牛状巢，形状各异。许多类型的材料，如小石头、沙粒、叶片、枝条、松针以及蜗牛壳等都可用来筑巢。有的在水面筑简单的巢；有的利用小枝、碎叶、细沙等各种材料，吐丝筑成精巧的小匣，作为可移动的或固定的居室；有的吐丝做成袋状或漏斗状的浮巢，固定一端，悬浮于流水中，取食经过水流的食物。其中可移动巢可以保护其纤薄的体壁。

在流速较缓的溪水里，石蚕出世后做的第一件事是赶紧为自己做一件管状的小外套，然后才顾得上吃东西。石蚕能用任何东西做这件外套，但通常用的材料都是取自身边的碎石、枯叶等。如果材料太大，它就用颚将其咬碎，用足举起这些材料，必要时把它旋转个方向，然后小心地粘

石蛾有"建筑专家"的美誉

到自己的身体周围。用什么粘呢？原来它的下唇末端有一块不大的唇舌，舌上有一个能吐丝的腺体，从腺体的孔中分泌出一种遇水速固的黏液，就像胶水一样，有很强的黏性。它还将这种"胶水"涂在套子的内壁上，形成一层

石蛾幼虫（石蚕）

光滑的衬里，就像人们用涂料、壁纸装潢室内墙壁一样。这样，一间舒适的外套就做好了。然后，它把自己柔软的身体包裹在这个手工制作的壳里。这个"外套"具有很好的保护作用，它如同一个能拖着走的活动房子一样，可以让石蚕在水中自在地"闲逛"，不再畏惧其他捕食者的威胁。一旦遇到敌人它就把头缩进套子里，就像蜗牛缩进壳里一样来躲避可怕的食肉动物。随着幼虫不断长大以及爬行造成的磨损，其外套要不断地加大和修缮，不过这种活动对天天长大的幼虫早已驾轻就熟了。从此，石蚕的吃喝拉撒睡都在这个"安乐窝"里，直到它长大变为成虫，离开水面到陆地上生活时为止。

更为有趣的是，石蚕还会根据季节变换外套的颜色。夏天它用绿色材料粘套子。秋天，它用黄褐色材料粘一件褐色外套。因此，小外套不仅是它的衣服、活动房屋，还是它的伪装衣，常常能骗过那些饥饿的捕食者。

到了冬天，幼虫全身缩进套子里，并

趣味点击

蜗　牛

蜗牛并不是生物学上一个分类的名称，一般是指腹足纲的陆生所有种类。蜗牛属于软体动物，取食腐烂植物质，产卵于土中。在热带岛屿最常见，但也见于寒冷地区。树栖种类的色泽鲜艳，而地栖的通常单色。非洲的玛瑙螺属体型最大，多超过20厘米。蜗牛是陆地上最常见的软体动物之一，具有很高的食用和药用价值。欧洲的大蜗牛属的几个种常被人们当作佳肴，尤其在法国。

把套子两头的孔封死，它就在里边冬眠和化蛹。石蛾的蛹为强颚离蛹，水生，靠幼虫鳃或皮肤呼吸。化蛹前，幼虫结一茧。筑巢者封巢做茧；自由生活和筑网的幼虫用丝、沙、石子等结卵圆形茧，附着于石头或其他支持物上。蛹具强大上颚，成熟后借此破茧而出，然后游到水面，爬上树干或石头，羽化为成虫。

通常一个完整的石蛾生活史循环需要 1 年，但少数种类 1 年 2 代或 2 年 1 代。石蛾一生中大多数时间是在幼虫期度过的，卵期很短，蛹期需 2～3 周，成虫生活约 1 个月。

石蚕生活于湖泊、河流以及小溪中，偏爱较冷的无污染水域，生态学忍耐性相对较窄，对水质污染反应灵敏，是显示水流污染程度较好的指示昆虫，也是环保专家研究环境和检测水质好坏的好助手。

同时，它又是许多鱼类的主要食物来源，在淡水生态系统的食物网中占据重要位置。

闪闪发光的萤火虫

萤火虫又名夜光、景天、熠熠、夜照、流萤、宵烛、耀夜等，这些名字的意思都是说它会发光。实际上，它是一种小型甲虫，其尾部的最后两节具有发光器，在白天呈灰白色，在黑夜中能发出荧光，因此得名萤火虫。

萤火虫

自古以来关于萤火虫就有很多有趣的故事。例如，相传我国晋朝时候有个青年叫车胤，他酷爱学习，但由于家贫，买不起蜡烛，晚上不能读书。于是他就捉了很多萤火虫，装在薄薄的布袋里，借着萤火虫的光刻苦学习，后来成为一位有大学问的人。

萤火虫体长为 0.8 厘米左右，身形扁平细长，头较小，体壁和鞘翅较柔软，头部被较大的前胸盖板盖住。雄萤火虫的触角较长，有 11 节，呈扁平丝状或锯齿状。雄萤火虫大多有翅。雌萤火虫的体型比雄萤火虫大，

萤火虫在白天不发光

但没有翅，不能飞翔，发出的荧光却比雄萤火虫更亮。

拓展阅读

钉　螺

　　钉螺是一种在田间生活的动物。钉螺外壳小，呈圆锥形，有螺层 7 个左右，像一个小螺丝钉，因而得名。壳面光滑或有各种粗细不同的直棱；壳口呈卵圆形，周围完整，略向外翻。钉螺属软体动物，有雌、雄之分，水陆两栖，活跃于 15℃ ～ 20℃ 的气温，主要靠吃藻类而生存，多孳生于水分充足、有机物丰富、杂草丛生、潮湿荫蔽的灌溉沟或河边浅滩；通常生活在水线上下，冬季随气温下降深入地面下数厘米蛰伏越冬。钉螺也可在地面生活，但活动范围有限，速度缓慢。钉螺是血吸虫幼虫的主要寄主，所以消灭钉螺是防治血吸虫的一个重要环节。

萤火虫是属于鞘翅目萤科的昆虫，全世界已知大约有 2 000 种，我国大约有 54 种，在全国各地皆有分布，尤以南部和东南沿海各省居多。它们喜欢栖息在温暖、潮湿、多水的杂草丛、沟河边及芦苇地带，以软体动物如蜗牛、钉螺等的肉为食。

人们在夏天夜里所看见的闪闪流萤，主要是雄萤火虫为寻找配偶而发出的光亮。萤火虫发出的光有的黄绿，有的橙红，亮度也各不相

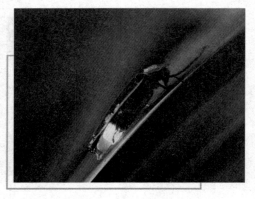

萤火虫是通过"灯语"传达信息

同。萤火虫就是靠改变"灯光"的颜色和时间间隔来传递不同信息的。雄萤火虫在夜空中一边飞舞，一边每隔 5～8 秒发出短暂的淡绿色荧光。藏匿在草丛中的雌萤火虫发现雄萤火虫的信号后，就会以 2 秒的间隔发出闪光作为回应。这时，雄萤火虫就知道在那里已经有一位"佳人"在等待着它了。它们之间经过几次"灯语"传达信息后，雄萤火虫便循着雌萤火虫发出的光，飞过来与其交配。

萤火虫的发光器由发光层、反射层和透明表皮三部分组成。光是通过透明的表皮发出，表皮下面是一些能发光的细胞，发光细胞的下面是另一些能反射光线的细胞，可以看到充满其中的小颗粒，称为线粒体。线粒体能把身体里所吸收的养分氧化，合成某种含有能量的物质。发光细胞里含有很多线粒体，说明它们能制造比较多的含有能量的物质。发光细胞还含有两种特别的成分：一种叫作荧光素，一

广角镜

线粒体

线粒体是一种存在于大多数细胞中的由两层膜包被的细胞器，直径 0.5～10 微米。大多数真核细胞或多或少都拥有线粒体，但它们各自拥有的线粒体在大小、数量及外观等方面都有所不同。这种细胞器拥有自身的遗传物质和遗传体系，但因其基因组大小有限，所以线粒体是一种半自主细胞器。线粒体是细胞内氧化磷酸化和合成三磷酸腺苷（ATP）的主要场所，为细胞的活动提供了能量，所以有"细胞动力工厂"之称。除了为细胞供能外，线粒体还参与诸如细胞分化、细胞信息传递和细胞凋亡等过程，并拥有调控细胞生长和细胞周期的能力。

萤火虫为科学家提供启示

种叫作荧光酶。荧光素和含能量的物质结合，在有氧气时，受荧光酶的催化作用，使化学能转化为光能，于是就产生了光亮。萤火虫常常一闪一闪地发光，是因为它能控制对发光细胞的氧气供应的缘故。萤火虫发光的颜色不同，则是由于它们所含的荧光素和荧光酶各不相同。

　　萤火虫发出的光是冷光，它不产生热。人们通过萤火虫的发光原理发明了荧光灯，即日光灯。它比同样功率的普通灯泡亮得多。后来人们又发明了矿灯，用在矿井里。因为矿井里充满着瓦斯，遇热就会发生爆炸，而这种矿灯不发热，所以非常安全。荧光灯不仅省电，也不会产生磁场，所以在军事上又用它做水下照明，方便排除磁性水雷。科学家们还用萤火素和萤火素酶制成生物探测器，把它发射到其他星球表面去探测那里的外星生命。

　　萤火虫的荧光还有联络伙伴、发出警报的作用。当萤火虫遇到危险的时候，它一面迅速飞逃，一面发出急促的橙红色的闪光，向其他同伴发出报警的信号。于是，其他萤火虫就会迅速地将"灯光"熄灭，隐匿于草丛之中。刚刚还是流萤点点、好似繁星满天的夜空，一瞬间就变得漆黑一片。直到危险过去，萤火虫才又重新飞到空中，亮起一盏盏明灯。

　　雌雄萤火虫交配后，都会同时将

萤火虫发出的光是冷光

光减弱，隐匿在草丛中。不久，雌萤火虫便在潮湿的腐草、朽木或泥土上产卵，一次可产数百粒。萤火虫属完全变态昆虫，它的卵、幼虫和蛹也都能发光。

萤火虫的卵在初产下时为软壳卵，数天后逐渐硬化，经3周后孵化出幼虫。幼虫体色灰褐，两端尖细，上下扁平，形如米粒，白天藏在水中的石块下或泥沙中，夜晚出来觅食。萤火虫的幼虫期时间较长，一般为1年左右，有的可超过2年。待到化蛹时，幼虫爬到岸边，用泥沙做成茧室进行化蛹，经2周左右即羽化成成虫。

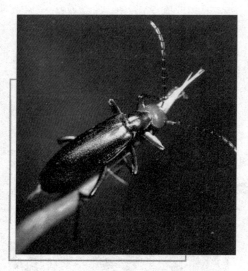

萤火虫是一种有益的昆虫

萤火虫的幼虫虽然身体很小，但对付蜗牛这种"庞然大物"有一套神奇的"法宝"。当它发现蜗牛后，便假装与其亲近，同时将毒液注射进蜗牛的体内，过不了一会儿，蜗牛就被麻醉，全身瘫软。这时，萤火虫的幼虫又接着给蜗牛注射一种消化液，将蜗牛的肉溶解，化成了鲜美的肉汁。然后，它再呼唤同伴过来，兴高采烈地围在蜗牛四周，一齐把针管般的嘴插进肉汁里，津津有味地吸起来。

由于蜗牛糟蹋庄稼，偷吃蔬菜，是农作物的害虫。因此，以蜗牛为食的萤火虫是一种有益的昆虫。

大地清道夫——蜣螂

每年夏秋季节，在田野和道路旁，常常能看到一对对油黑肥胖的甲虫，在滚动着一团灰黑色的小球，这就是人们常说的"屎壳郎推粪球"。

　　屎壳郎也叫推粪虫，真正的名字叫蜣螂，是属于鞘翅目蜣螂科的昆虫。它的种类很多，全世界已知大约有 20 000 种。它们的体型大小相差悬殊，最大的像一个乒乓球，而小的只有纽扣般大小。

　　蜣螂的头前面非常宽，上面还长着一排坚硬的角，排列成半圆形，很像一把种田用的圆形钉耙，可以用来挖掘和切割，收集它所中意的粪土。它们用头上这把"钉耙"将潮湿的粪土堆积在一起，压在身体下面，推送到后腿之间，用细长而略弯的后腿将粪土压在身体下面来回地搓滚，再经过慢慢的旋

蜣　螂

转，就成了枣子那么大的圆球。然后，它们就把圆圆的粪球推着滚动起来，并粘上一层又一层的土。有时地面上的土太干粘不上去，它们还会自己在上面排一些粪便。

　　蜣螂在推粪球时，往往是一雄一雌，一个在前，一个在后。前面的一个用后足抓紧粪球、前足行走，后面的用前足抓紧粪球、后足行走，碰上障碍物推不动时，后面的就把头俯下来，用力向前顶。因此，这个圆球往往是一对蜣螂合作的成果。粪球越滚越大，甚至比它们的身体还要大。这时，一对蜣螂仍然不避陡坡险沟，前拉后推，大有不达目的誓不罢休的气势。

　　蜣螂以粪便为食，是大自然的清道夫。它们凭借敏锐的嗅觉，能够从很远的地方闻到动物或家畜刚排出的粪便的气味，于是立即迅速飞来，品尝佳肴。但是，粪便是动物消化吸收后排出的残渣，营养成分很低，蜣螂为了要维持营养和体能，必须大量吞食粪便。它们往往从早晨到晚上，一直不停地进食，而且边吃边拉，拉出来的黑色线状的粪便就有 2～3 米长。因此，蜣螂

蜣螂又叫推粪虫

一旦发现粪源就如获至宝，急忙搬运，而快速搬运的方法，当然就是滚动了。

有的蜣螂为了争夺粪球，还要进行争斗，它们互相扯扭着，腿与腿相绞，关节与关节相缠，发出类似金属相锉的声音。胜利者爬到粪球上，继续滚动前行，失败者被驱逐后，只有走到一边，重新寻找属于自己的"小弹丸"。也有时候，它们并不甘心失败，还会耐着性子，准备用更狡猾的手段伺机偷盗到一个粪球。

但事实上，这个圆球只不过是蜣螂的食物储藏室而已。屎壳郎推粪球是为它们的儿女贮备食料。雌雄成虫把粪球推到事先挖好的地下贮藏室内放好，不仅以此为储备粮，而且每当雌蜣螂分娩时，便在每个粪球上方的中心产下一枚卵，这个粪球就是即将出世的幼虫所需的全部口粮，其能量足够它从孵化到化蛹，直至变为成虫取食。

蜣螂把粪球推到一个合适的地方后，就用头上的角和3对足，将粪球下面的土挖松，使粪球逐渐下沉，再将松土从粪球四周翻上来。这样大约不停地忙碌2天时间，直到粪球下沉到土中。然后，蜣螂环绕着粪球做成一道圆环，施以压力，直至把圆环压成沟槽，做成一个颈状。这样，球的一端就

蜣螂体态

做出了一个凸起。在凸起的中央，再加压力，就成了一个好似火山口的凹穴，边缘很厚；凹穴渐深，边缘也就渐薄，最后形成一个包袋。包袋

内部磨光以后，雌蜣螂就在粪球上产卵。这时，蜣螂才算把一场繁忙的传宗接代的工作完成，然后从松土中爬出来，再逐层将土压紧，直至与地面齐平。

卵产在里面7～10天后孵化出白色透明的幼虫。幼虫毫不迟延，立刻就开始吃四围的墙壁上的粪便，而且总是从比较厚的地方吃起，以免弄破墙壁，使自己从里面掉出来。不久，

蜣螂对农业的作用是松土

它们就变得肥胖起来，背部隆起，形态臃肿。它们经过蛹变为成虫大约需要3个月，所需的营养全部来自这个粪球。

蜣螂对粪便所具有的旺盛食欲，是与其消化功能分不开的。它们消化粪便靠的是一种消化酶，这种消化酶能将粪球转化为它们身体所需的蛋白质，从而将粪便变废为宝。科学家认为，如果能够将蜣螂体内的消化酶通过基因工程生产出来，直接用于牛、羊等牲畜的粪便处理上，使它们的粪便在这种消化酶的作用下直接转变为蛋白质，

拓展阅读

消化酶

消化酶是将聚合的高分子降解为构建单元的酶类，以促进被身体吸收。消化酶类存在于动物（及人）的消化管内以帮助食物的消化；也存在于细胞中，特别是在溶酶体中发挥作用，以维护细胞中的残留物。消化酶类多种多样，分别存在于由唾腺分泌的唾液之中、由胃内壁细胞分泌的胃液之中、由胰腺外分泌细胞分泌的胰液之中以及肠胃分泌物之中。

那么牧场上的粪堆就无需由蜣螂来清理了，甚至还可以产生一种新的生物资源。

善于埋葬动物尸体的埋葬虫

埋葬虫又叫锤甲虫，由于它们以死亡甚至腐烂的动物尸体为食，可以把它们转化成在生态系统中更容易进行循环的物质，因此很像是自然界里的清道夫，起着净化自然环境的作用。

埋葬虫是属于鞘翅目埋葬虫科的昆虫，全世界已知有175种，我国大约有50种。它们的体长一般为1~2厘米，最大的可达3.5厘米。它们的外表大多数呈黑色，也有呈五光六色的，如明亮的橙色、黄色、红色等，有的在鞘翅上还有花纹。它们的身体扁平而柔软，适合于在动物的尸体下面爬行。

埋葬虫

埋葬虫常于夜间在树丛间飞来飞去。它的嗅觉特别灵敏。尤其对于鸟、兽的尸体很感兴趣。无论是蛇、蜥蜴、鸟，还是各种昆虫，即使在几小时前才刚刚死去，它们也能从很远的地方嗅到尸体的气味。通常都是雄埋葬虫首先发现动物尸体，然后立即飞过来，将其占为己有，再等候它的配偶到来。如果有其他雄埋葬虫过来，就会发生一场激烈的战斗，战败者被毫不客气地驱逐。最后，由最强大的一对埋葬虫共同合作来处理这份战利品。

它们飞到尸体旁，先是用触须探查尸体，再用后腿踢一踢，仿佛想了解一下这只动物尸体有多重，需要多少时间和力气才能把它埋起来。接下来，它们开始挖土。它们对于松土挖洞特别内行，只见它们在死尸下面爬来爬去，每次都用头部从死尸下面掘出一块土来，不久这具尸体就越陷越深，被埋葬虫连推带拽地埋进了坑

埋葬虫又叫锤甲虫

里。这个埋葬动物尸体的土坑一般有 6～10 厘米深，而大型埋葬虫挖的坑的深度可达 1.5 米。

如果它们找到的动物尸体是在硬地或石头上，就齐心合力把死尸搬运到较松软的土地上。倘若沿途有青草挡着道，埋葬虫就把草从根部咬断。

埋葬虫为一具动物尸体挖掘一个墓穴通常要花费 3～10 个小时，才能将动物尸体埋好。然后，它们还要从尸体的四面把土运走，留出自己活动的空间，再从主墓穴挖掘出一条侧道和一些小室。

埋葬虫为什么要这样千方百计地埋葬鸟、

拓展阅读

蜥蜴

蜥蜴是对有鳞目蜥蜴亚目内的爬虫类的总称。目前，全世界已知超过 4 000 种，主要分布于热带。体型差异很大，从数厘米大的加勒比壁虎，到近 3 米长的科莫多龙都有。有些被称为蛇蜥的种类脚已经退化，只留下一些脚的痕迹构造。它们因为有眼睑和耳朵，所以能与蛇区分。许多蜥蜴能变换它们的颜色以适应环境的变化或压力，例如变色龙。大部分的种类为肉食性，以昆虫、蚯蚓、蜗牛甚至老鼠等为食。但也有以仙人掌或海藻为主食的，或是杂食性的。

鼠等动物的尸体呢？原来，这是埋葬虫繁殖后代的一种方式。雌埋葬虫在埋下的动物尸体附近产卵，不久，孵化出来的幼虫就可无忧无虑地吃着父母早给它们准备好的食物，迅速成长起来。

大多数雄性动物很少抚育自己的后代，不过这样的常规在昆虫中有很多例外，其中就包括埋葬虫。在大多数情况下，雄埋葬虫总是跟雌埋葬虫一起照料它们的后代。

雄埋葬虫首先与雌埋葬虫合作，在一具动物的尸体内钻来钻去，用尸肉建造一个个"育儿球"。这个育儿球被它们用分泌物处理过之后就不再散发气味，这有助于防止被其他以腐肉为食的动物发现和争夺。然后，雌埋葬虫就在育儿球附近产下几十粒卵。

在幼虫出世前几小时，埋葬虫的双亲差不多每隔半小时便急切地爬到旁边有卵的通道里去，把一切土块、石子都清除掉，为自己即将孵化的幼虫清理道路。

大约5天后，幼虫就孵化出来了。刚出世的埋葬虫幼虫在头2～3天靠其父母提供的褐色营养液生活。它们聚集在主墓室，不停地转动头部要吃的。每隔10～30分钟，它们的双亲就来到它们面前，向每只幼虫的嘴里喂几滴从口里吐出来的营养液。不久以后，幼虫就能够自己吃那个由双亲为它们准备好的美味——育儿球了。

幼虫的身体发育得很快，出生7小时后体重就能增加1倍，7～12天后幼虫趴在墓室壁上化蛹。再过2个星期，羽化后的成虫就破壁而出了。

为什么雄埋葬虫不去寻找其他雌埋葬虫交配，却选择了与雌埋葬虫一起为其后代提供亲代抚育呢？原来，这样做的好处是能大大提高其后代的存活机会，并且这种好处会超过因失去新的交配机会所付出的代价。

科学家认为，它们之所以这样做，是因为对埋葬虫幼虫构成的威胁可能主要是来自它们的同类，而不是来自其他物种。它们种内的入侵者很可能有杀婴行为，目的是把育儿球抢夺过来供自己的后代使用。研究表明，

双斑埋葬虫

当育儿球被其他埋葬虫抢走几天之后，育儿球中的幼虫反而变小了，这表明原来的幼虫已被清除掉了，现在的幼虫是新主人的后代，后来的雄埋葬虫则利用现成的育儿球喂养自己的后代。

虽然单一的雌埋葬虫在一定程度上也能抵抗其他埋葬虫对育儿球的抢夺和杀婴行为，但如果能与一只雄埋葬虫联手共同对付入侵者就会取得更大的成功，这无论是在获得一个小型动物尸体还是获得一个大型尸体的情况下都是如此。因此，种内杀婴的风险似乎是促使雄埋葬虫亲代抚育行为进化的一个关键因素。

➡ 树木的害虫——天牛

天牛因其力大如牛，善于在天空中飞翔，因而得名；又因其中胸背板上有特殊的发音器，与前胸背板摩擦时，会发出"咔嚓、咔嚓"之声，其声很像是锯树之声，故又被称作"锯树郎"。此外，我国南方有些地区称之为"水牯牛"，北方有些地区称之为"春牛儿"。

天牛因种类不同，体型的大小差别极大，最大者体长可达 11 厘米，而小者体长仅 0.4～0.5 厘米。天牛以色彩美丽著称，身体上大多

麻竖毛天牛

具有金属光泽，但也有一些种类呈棕褐色，或以花斑排列，和树干的颜色相像，从而具有隐匿色或保护色的作用。

保护色

动物外表颜色与周围环境相类似，这种颜色叫保护色。很多动物有保护色，类似豹子的花纹和青蛙的绿，还有不少会变色，但最高境界是拟态，不只是颜色，连外形都完全变了（颜色、外形都与环境类似的归于拟态）。自然界里有许多生物就是靠保护色避过敌人，在生存竞争当中保护自己的。

天牛的躯体修长，体节、翅鞘均呈革质。天牛最明显的特征是其触角极长，具有触觉作用，一般长度都在 10 厘米左右，比自己的身体还要长，有的种类几乎达到体长的 5 倍。它还有一双很大的复眼，竟然包住了触角。其口器十分发达，强而有力，可以有效地咬啮植物。在胸部两边长有尖尖的刺，能够防卫和保护自己。它还有 3 对很长的足，能攀缘树干。

多带天牛

雌雄天牛的体型大小、触角长度、行动的灵活性、活动能力及飞翔能力都有所不同。一般雄天牛体型较小，触角长而美观，行动灵活，飞翔能力较强且能持久。而雌天牛体型较大，腹大身宽，触角短，行动笨拙迟钝，飞翔能力也远不如雄天牛。

天牛是属于鞘翅目天牛科的昆虫，种类很多，全世界已知有 25 000 种，我国有 2 200 种。天牛活动的时间在不同种类之间也有所不同，有的在白天日光下活动，有的则在夜晚或阴天活动，或整晚都在活动。一般常见于林区、园林、果园等处，飞行时鞘翅张开不动，由内翅扇动，发出"嘤嘤"之声。另外，天牛的幼虫还能利用身体的硬化部位——前胸背板和臀板摩擦或敲击树干里的"隧道"壁而发出声响，以便警告其他幼虫躲避敌害或前往相聚。

蝴蝶天牛

　　天牛喜欢啃食幼嫩枝梢的树皮为食，羽化大约半个月后就开始交配，一生可交配多次，一般都在晴天。经 3～4 天后，雌天牛在树干下部的主、侧枝上产卵。它将卵直接产入粗糙树皮、裂缝中，或先在树干上咬成刻槽，然后将卵产在刻槽内，一生可产卵 20～35 粒。

天牛以啃食枝梢为食

　　天牛一般以幼虫在被害树木的木质中越冬，或以成虫在蛹室内越冬，即上一年秋冬之际羽化的成虫，留在蛹室内，到第二年春夏间才出来。成虫的寿命不长，一般为 10 天至 2 个月，但在蛹室内越冬的成虫可能达到 7～8 个月。雄天牛寿命一般比雌天牛短。

　　天牛多数为 1 年发生 1 代，也有 3 年 2 代或 2 年 1 代的，是危害杨、柳、榆、桑、槐、梧桐、苦楝等树木的主要害虫。

　　天牛的幼虫在树干里面蛀食木材，还定居在树干里挖"隧道"。它们在越冬后开始活动蛀食，多数幼虫在树中凿成长 4 厘米左右、宽 2～3 厘米的蛹室和直通表皮的圆形羽化孔；在气温升达 15℃ 以上时开始化蛹，其蛹期在各地长短不一，一般是 20～30 天，接着羽化成成虫。

天牛一直生活在树干里面发育长大，直到成虫时才钻出树干，进行交配和繁殖。因此，天牛除了被视为是森林、果园的害虫以外，它也是生产木制家具原材料的害虫。

天牛是森林害虫

广角镜

苦　楝

苦楝，楝科植物中的著名品种，又称苦苓、金铃子、森树等，其果实川楝子可入药。苦楝是落叶乔木，高可达 20 米；树皮呈暗褐色，有浅纵裂纹；春夏之交开淡紫色花，圆锥状聚伞花序，花丝合成细管，花芳香；10 月果熟，核果球形，熟时为橙黄色，经冬不落。它分布于中国、印度和澳大利亚。